母女的世界
爱与憎的矛盾体

[韩]金志允(김지윤) / 著

宗思婕 / 译

中国友谊出版公司

图书在版编目（CIP）数据

母女的世界：爱与憎的矛盾体 /（韩）金志允著；宗思婕译. -- 北京：中国友谊出版公司，2023.12
ISBN 978-7-5057-5710-3

Ⅰ．①母… Ⅱ．①金… ②宗… Ⅲ．①女性心理学－亲子关系－研究 Ⅳ．①B844.5

中国国家版本馆CIP数据核字(2023)第169700号

著作权合同登记号　图字：01-2023-5200

<모녀의 세계>
Copyright © 2021 by KIM JI YOUN
All rights reserved.
Originally published in Korean by EunHaeng NaMu Publishing Co., Ltd.
The simplified Chinese translation is published by HANGZHOU BLUE LION CULTURAL & CREATIVE CO., LTD. in 2023, by arrangement with EunHaeng NaMu Publishing Co., Ltd. through Rightol Media in Chengdu.
本书中文简体版权经由锐拓传媒取得(copyright@rightol.com)。

书名	母女的世界：爱与憎的矛盾体
作者	[韩] 金志允
译者	宗思婕
出版	中国友谊出版公司
策划	杭州蓝狮子文化创意股份有限公司
发行	杭州飞阅图书有限公司
经销	新华书店
制版	杭州真凯文化艺术有限公司
印刷	杭州钱江彩色印务有限公司
规格	880毫米×1230毫米　32开 7.375印张　112千字
版次	2023年12月第1版
印次	2023年12月第1次印刷
书号	ISBN 978-7-5057-5710-3
定价	59.00元
地址	北京市朝阳区西坝河南里17号楼
邮编	100028
电话	（010）64678009

前言　情感上的连体婴：母亲与女儿

当我提出想写一本研究母女关系的心理学书时，周围的人这样告诉我。

"哇……立刻写！赶紧的！"

"我，因为妈妈都快要'去死了'，这真的是很严重的问题啊！"

"请一定要写这本书！如果你需要案例的话，随时说，我可以分享我的事情。"

当然，也有不一样的声音。

"嗯？母女之间也会有问题吗？"

"母女之间不都挺好的吗？"

前者是拥有所谓"了不起的母亲"的女儿们普遍的反应，后者更多的是不太了解母女关系的男性或者

母女的世界：爱与憎的矛盾体

说是关系中占据控制那一方人说的话。

母女关系贯穿母亲和女儿这两个女人的一生。即使母亲离开了人世，她给女儿带来的影响也永远不会消失。因此，这种关系可以看作几乎在持续发展的关系模型。包括自尊心在内，母女关系影响了个人内在的性格，继而影响恋爱、夫妻关系、养育子女的方式等等。母女间矛盾的规模之大与存在时间之冗长，远甚于夫妻。

这本书主要讲述了母女之间常见的心理问题，针对各种问题提出解决办法的同时，我也建议女儿应当重新审视自己的母亲，假如母亲给你带来了错误的影响，我也提出了从中解脱的办法。

创作时，我写了不少自己的亲身经历，同时也引用了很多女性的案例（为保护这些女性的隐私，文中均用的是化名，故事也在一定程度上稍作改编）。特别是我的母亲曾经饱受沧桑，一点也不平凡。在我自己生下孩子成为母亲后，就必须面对并且去克服各种各样的问题。从女儿到母亲，没有一件事情是容易的，但我懂得，只要克服困难，人就能变得幸福。

因此，亲密的母女关系并不只是母女间的问题，与家人、丈夫、子女、双方父母的关系一脉相承，与所处的社会背景下带来的根深蒂固的问题共存。不过书中并没有涉及如此广泛，更侧重于母女关系。

前言　情感上的连体婴：母亲与女儿

有一点希望各位读者能够记住，即便书中没有提及，但其实母女的心理形成是有着各种各样的背景的。因此，希望读者朋友们不要单纯地以"母亲是加害者，女儿是受害者"的眼光来看待其中的关系。

这个世界上，有很多女儿深爱着母亲，但却因为母亲而痛苦，我也是其中一个。因此，我想倾听她们的故事，给她们一个温暖的拥抱，不论是母亲还是女儿，她们同为女人、彼此相爱，共同在干涉与爱之间徘徊。假如关系无法正确处理，坏的影响会渗透进我们的日常生活中，使人无法摆正自己的位置，母女二人成了情感上的双胞胎，唯有互相保持适当的距离和平衡，努力为自己而活，才能实现心理层面的独立。这是我想要写这本书最大的原因。愿世上所有的母女都能彼此相望，彼此原谅，最终达成和解，爱得平和且有力量，我诚挚邀请您进入这比"夫妻世界"更铿锵有力的"母女的世界"。

亦母亦女

献给这世上所有的女性同胞们

2021年11月

金志允

目　录

前言　情感上的连体婴：母亲与女儿 / 001

第 1 章　爱与憎：以爱之名的伤害

坏女人、疯女人、不孝女　/ 003
比夫妻世界更奇异的母女世界　/ 011
妈妈，为什么你不在意我　/ 020
害怕被抛弃的不安　/ 030
两副面孔的母亲　/ 039
母亲的双重身份　/ 048
与她的分别　/ 059

第 2 章　协调：让彼此独立的适当距离

当母亲是家中长女　/ 069

长子长女婚姻里的那些事儿　/ 078
被强制般的女儿牺牲　/ 088
女儿逃不出和母亲相似的命运吗　/ 096
女儿并不是母亲的分身　/ 104
"被神化"的母乳喂养　/ 114
怎样对待母亲的更年期综合征　/ 122
请不要过度依赖母亲　/ 132

第3章　独立：找寻超越母亲的自己

越界的母亲　/ 147
她也是第一次做母亲　/ 154
别再道歉了，工作的妈妈们　/ 164
愤怒背后的真实情感　/ 173
鞭子，打的是爱还是情绪　/ 182
性教育的重要性　/ 193
我绝不重蹈母亲的覆辙　/ 201
母女间不经意间发生的煤气灯效应　/ 210
母亲的遗产　/ 219

后记　希望妈妈和女儿能笑着、满怀希望地注视着彼此　/ 226

모녀의 세계

第1章
爱与憎：以爱之名的伤害

坏女人、疯女人、不孝女

"真的?"

"为什么啊?"

"怎么会这样子?"

"这正常吗?"

因为不想听到类似的话,所以不想向他人展现自己的另一面,每个人都有属于自己的秘密,我也有想要隐藏的部分,不是别的,是我的母亲。母亲去世后的13年里,我从未去过她的墓地,我在42岁的时候,第一次来到她的墓前,我与她的故事从这一刻才真正开始。

2004年冬天,葬礼结束后,走过令人伤心欲绝的火葬场,母亲就安放在骨灰堂里。给她化妆的那天,冷得出奇,

母女的世界：爱与憎的矛盾体

可骨灰堂热得荒唐。当死亡与1000度相遇的这一天，离别显得有些微妙，我把这残忍可怕的一天锁进了潘多拉的盒子里。

在此后的13年间，我从来都没有去给母亲扫过墓。不仅如此，每年母亲的忌日，我也不会做任何事情，就这样过了13个年头。偶尔会想，别人会怎样看这么个女儿呢？或许以"某某女"来形容最合适不过，坏女人、疯女人、铁石心肠的女人、没血没泪的女人、不孝女！

哪怕是我自己，听到类似的事情时，也会脱口而出类似"什么？为什么？她是疯了吗？"的话。换言之，这不正常，对的！我太心痛了，几乎快要疯了。母亲的葬礼结束后，像是从没有发生过这个事情一样，我甚至连母亲曾经存在过的事实都抹去了，就好像她从未出现在我的人生里那样，消除了所有的记忆。我否认悲伤，否认痛苦，换句话说，我把母亲彻底地封印了。

在没有母亲的状态下，我结婚生子，一边工作一边抚养孩子长大。在我的生活里，没有母亲任何的痕迹，母亲，被我尘封了整整13年。可是，不可能永远尘封的，尽管抹掉了母亲的痕迹，但说到底"我"本身就是她存在的痕迹，不

第 1 章 爱与憎：以爱之名的伤害

是吗？若我一直无法面对心中的她，那么我与她的这段支离破碎的关系就无法结束，因为我俩不是谁走了就能结束的关系，我们曾经在一个身体里过。虽然我认为母亲的离世是一切的结束，可不知怎么的，我与她的关系反而才刚刚开始。13年过去了，我与她只是牢牢地被封印住罢了。

瑞士心理学家、精神病学家荣格就是这样的，人到中年，心里就会发生地震。我也是，不眠之夜开始降临。起初觉得没什么大不了，周围的人也都说过自己失眠，我还暗自窃喜，以为我是追了次潮流。

"是啊，压力大了点？太累了吧，可能是我太紧张了。"

我罗列出各种合理的原因，可失眠的夜晚越来越多，我的心却站在了理智思考的另一面，我感到很烦闷，渐渐地越来越烦躁，该去找心理医生了。在过去的8年间，在每周接近100个小时里，一直默默工作的我再也无法坚持，我发现很有必要认真整理一下我的精神世界，我想知道我失眠的原因。

第一次咨询的那天，以我的哭泣结尾。怎么会在第一次咨询的时候，提到"母亲"这个词语？尽管现在我已明白，

005

可是当时我还是感到非常震惊。因为失眠，去做了心理咨询，可为什么会提到"母亲"呢？努力压抑了13年的封印竟如此简单地打开了……突然，母亲迎面而来。

"老师，13年来我从未给母亲扫过墓。怎么回事？这正常吗？可是我去不了啊，无论如何我都没办法，太可怕了。我害怕站在母亲墓前，我会崩溃。这只有我爱人知道，我谁都没有说起过，根本无法想象，我没办法跟任何人去说我13年都没去看过她……呜呜呜……"

等我恢复，已经过去40分钟了，老师安慰我说没关系的，别人怎么看不重要，13年没有去看她，或是你永远都不去看她，这都是你的选择，都无所谓，已经很难过了，接受吧，这是埋藏于心间的答案。

老师说离结束还有10分钟，如果还有其他的事情想要聊，可以畅所欲言，但我实在说不出口了，太丢人了。这把年纪了，在第一次见的人面前喊着母亲，哭得妆都掉了，可以用时下流行的话——"脸都不要了"来形容，缓了一下，我对老师说：

"老师，这10分钟就算了吧。在第一次见的人面前哭成这样，实在是太丢人了。我想赶紧回去，我们下周再见吧！"

第 1 章　爱与憎：以爱之名的伤害

我从咨询室里逃了出来，边走边想，虽然有点头晕，但好像获得了赦免。是啊，首先我不是个坏女人，只是个伤心的女人罢了。接受治疗的第一天，我接受了我是个伤心女人的事实，开始解除持续了13年的封印。

我与母亲之间的关系就这般僵持着，别说13年，哪怕是130年也不会结束。父母与子女的关系，能极大地影响心理层面，原因在于这种关系并不会随着一方的死亡而消散。当然，恋人、夫妻的关系哪怕结束了也会有一定的影响，当新的对象给予更多的安全感时，影响是会消失的，曾受过的伤害会变模糊，也能被治愈。但父母、子女间的关系并非如此，来到世上的第一眼就是父母，伴随着与他们的交流形成个体本身。因此，即便母亲离世，但她带来的影响依然存在于世，与她的关系会持续作用在其他家人或是子女身上，所以女儿是很难摆脱母亲带给她的影响的，哪怕母亲已不在人世。当然也可以像我这样选择暂时逃避，像从未发生过那样掩饰自己，但其实药效不会太长。

这是一个旋涡，治疗了2个月左右，我突然想去母亲那看看。虽然老师说不用着急的，但是我的心情非常激动，这个曾让我厌恶的潘多拉盒子马上就要打开，里面会有什么呢？到底是什么让我失眠？我很想做个了断。

我会在母亲的墓前晕过去吗？会因为过于悲伤而在那里头顶着花跳舞吗？会因为触及我内心更深处的东西而让我精神分裂吗？到底是什么让我13年来都始终如此得悲伤又恐惧？

不去实地走一走，是没有办法找到答案的。为了能好好睡上一觉，活得像个正常人那样，我必须要找到答案。我决定要打开这个潘多拉盒子。

全副武装的早晨，送8岁孩子上学的路上，我对他说：

"妈妈今天要去姥姥坟前。"

孩子对我说：

"妈妈，如果回避可以不让你难过，就别去了吧。"

"已经没办法继续回避了，所以我想去看看……"

补充一句，我的儿子是非常感性的，经常会说活过两世的人才会说的话，是个很有意思的孩子。那天我像是听了个百岁老人的忠告似的，转身朝墓园走去。我走进墓地附近的花店，菊花……店里自然全是它。可菊花并不适合她，红玫瑰、金色的包装，扎上一个大大的蝴蝶结，这样华丽的花束才是她的风格，实在太可惜了。

第1章 爱与憎：以爱之名的伤害

我径直向着墓地走去，可自从13年前葬礼结束，我从未来过这里，自然也分不清哪里是哪里。13年里，这里多了不少新的墓碑，地形也有了些许变化，我循着骨灰龛的编号找到了母亲。有点恍惚，可能还想再恍惚一下，比我想象中找得快，那个编号就在母亲的墓碑上写着，我放下菊花，丈夫站在一边，他的包里准备了冷水、毛巾、紧急药品等，担心我会晕过去，他做足了准备。我感受到了来自丈夫担心的目光，很长一段时间他能感受到我听到"母亲去世"这个短语的敏感反应，不知如何是好，默默地等待着某一天我能越过这个坎。

可是……什么事情都没有发生，我呜呜呜地哭了一会，并没有持续很长时间，心想："就这？结束了？"丈夫连包的拉链都还没打开。我太难过了，但我没有崩溃，也没有精神分裂，像其他人那样站在墓前适当地哭了一会。这是场准备好的见面，封印的时间也许是我下意识地为迎接因母亲而带来的无限伤痕而做的准备。

"母亲，让您久等了，实在抱歉。您等了很久吧，我以后会常来的，下次会带您的外孙来。对了，母亲，您有外孙了，您一定要好好保重啊。"

009

自母亲离开我的13年后,我才开始去探索与她的关系。为了摆脱失眠的困扰,为什么反而在心理咨询室里提到了"母亲"?这13年来,我这样一成不变的原因到底是什么?为什么她去世了,我与她的关系还是在继续?母亲在我的人际关系问题上有着怎样的影响呢?母亲是什么呢?对我来说,她到底是怎样的存在?

之于母亲这样的存在,在我抛出无数个问题后,我找到了能够代替答案的词语——"绝对"。她的存在,对我来说就是绝对的,是连死亡都无法带走,13年间只能封印着。只有绝对才能解释,母亲的存在就是种绝对,谁又能摆脱这种绝对的阴影呢?对于女儿来说,她是绝对存在的母亲。

所以我开始面对我这位"绝对存在"的母亲,在这个过程中,我发现她远比我想象中还要绝对。"母亲"这个称谓,让我逐渐明白那些带给女儿们深远影响的存在方式,我生平第一次开始面对与母亲的真实故事。

比夫妻世界更奇异的母女世界

假如说世界上还有像夫妻这般复杂的关系的话,那一定就是母女关系。夫妻间的矛盾,在各种早间剧场、每日剧场中演绎,得益于这样的斯巴达式教育,反而成了公开讨论的话题。但是,母女关系仍是未知的世界,包含的矛盾比任何的关系都要多。不过有一点可以肯定的是,如果你感到你的母亲很辛苦,那这一定不仅仅是你跟她的问题。

母女的世界犹如交织在一起二三十年的线团似的。尽管如此,与大多数人热议的夫妻矛盾或是婆媳关系不一样,母女之间的矛盾才刚开始被关注。很多母女哪怕知道自己所处的艰难境地是因为对方造成的,也还是无法确定这到底是怎样的矛盾。

母女的世界：爱与憎的矛盾体

母女之间如此亲密，根本不会按照其他的人际关系去思考问题，这就是其中最根本的原因。母女之间，一切都是理所当然的，一切也都是被允许的。彼此靠得很近，仅仅因为是母女。因此，无法将两者的关系看作理所当然的存在，互相感到辛苦的时候，只能用爱憎的关系来定义。

"妈妈！你干吗呀？"

"生个像你这样的女儿就知道了！嗯？"

比如，好朋友事先没有通知就跑来家里，还做了我最不爱吃的清酱汤，坐在我对面强迫我必须喝完。如果对她说："今天不喝清酱汤吧。"她会说："我比你更知道你的身体！就听我的，不会错的啦，别废话，吃吧。"然后她又说："要是冰箱有剩一勺的话，明天我会继续给你做清酱汤的。"听完你会是怎样的心情？家里弥漫着清酱汤的香气，像是个50年老店。

如果有这样一个爱你的朋友，你会怎么办，会不会觉得她可怕、不正常？可是，如果是妈妈有这样的行为，你又会觉得这是正常的。因为她是妈妈，因为她爱你。母亲的爱从来都是强烈的、无私的，还一定会带着奇特的色彩。

只要真切地感受过一次清酱汤事件，那么你就能理解母

第 1 章 爱与憎：以爱之名的伤害

亲的爱了。但问题是至少有上百种类似方式可以来表达爱。这样的爱的表达方式，当母亲过了青壮年时期后，会像汽车行驶在没有出口的公路上一样，渐渐地成为一种固定的模式。人脑对关系变化的接受和适应，会随着年龄的增长而变得缓慢。因此，如果母亲们在中年时期无法正视并跨越子女间问题的话，到了老年会深陷矛盾的深渊，从而使关系愈发恶化。母亲就像每天升起的烈日般依附在女儿身边……作为女儿，只想躲开这炙热的阳光。

母女关系往往不被当作问题，而忽视的原因，我觉得是妈妈们的表达方式不全然是暴力。因为母亲们温柔善良、无私又无助。不管谁都会认为，母亲仅仅是担心和爱护女儿，并没有暴力行为。更有甚，母亲的爱有时会巧妙到连本人都没有察觉其中的问题。

母亲把自己当作是女儿最亲密的朋友或是另一个自己。不仅认为女儿应该接受自己所有的感情，甚至想说什么就说什么，毫无顾忌。当女儿渐渐长大，她会发现："我是母亲

013

母女的世界：爱与憎的矛盾体

情绪的垃圾桶吗？"可是改变母亲的关系谈何容易。

Rika kayama，《女儿不是母亲的情绪垃圾桶》，

第7页，行走的树木

家庭心理学专家Rika kayama描述母亲和女儿的关系时将其定义为"母女压力"。或许这会玷污母亲的爱，但母亲是某人的女儿，姥姥也是某人的女儿，心理上的关系如血缘关系般代代相传，可这也无法将母亲看作某个人的加害者，韩国父系社会背景下产生的影响也不容忽视。因此，我们可以这样认为，各种社会产物的结合体呈现出扭曲的母女关系。

要生女儿的社会

还有一点，在韩国社会，母女关系是非同寻常的，母亲们会劝说着女儿，就算是恋爱的世界亦是如此。青涩懵懂的两个人想要交往，往往需要周围的人助力，身边人说的话会影响两人的感情发展。哪怕并非正在交往，若是总被人问起是不是在交往，两人关系也会变得很微妙。虽然嘴上否认，但会开始在意，若无其事地偷瞄一眼，又看一眼。因为公司

第 1 章 爱与憎：以爱之名的伤害

里传闻不断，某天为了撇清传闻见了面，结果这一天，之前单身的两人真的开始交往了……类似这样的，总在你走的路上铺花，是不是不走也得走了？同样也有很多人在推动母女关系的发展。

"哎哟，要生女儿才行，儿子都没用哒，是别人的男人。"（女儿难道不是别人的女人吗？）

"等你老了就知道了，没有女儿的人最可怜，没什么可做的，无论如何要生一个女儿的。"（还随时劝我生个儿子）

这个社会，总是强调女性需要女儿。生儿子是为了家族，生女儿则是为了女性。为什么母亲这么需要女儿？

无论母亲多么认为自己已经想通了，总有一天，女儿会偏离母亲的预想。那一刻，女儿不再在意母亲的期望，而是遵循自己的想法和兴趣。每个孩子都不一样，有的还没上小学就会明确表达自己的意愿："我想这样！"母亲会怎么看？与生儿子的母亲失恋般的感觉不一样，生女儿的母亲会

母女的世界：爱与憎的矛盾体

觉得自己被养的狗咬了一口。

Rika kayama，《女儿不是母亲的情绪垃圾桶》，
第111页，行走的树木

为此，女儿们需要克服"我与母亲是一样的"的想法。母亲永远都会站在我这边，是我心理层面的分身和支持者，是能分享故事的那个人，更是放松的港湾。因此，母亲想生女儿，也需要女儿。这种无意识的念头，在日常生活中隐蔽却随处可见。这是场非常细腻又平静的心理战争，比如说，母亲想煮四人份的饺子，可发现饺子不够，这个时候母亲会对女儿说：

"怎么办？饺子不够了。就给爸爸跟哥哥吃吧，我们吃别的，要不拉面？"

为什么这个时候，饺子没有女儿的份？为什么母亲会理所当然地认为女儿会跟自己一样吃其他的东西呢？为什么女儿不是第一顺位？吃饺子的权利，都被简单地剥夺了。因为母亲有意无意地认为女儿就是自己的分身，就得站在自己这一边，自然会跟母亲一样选择放弃吃饺子，所以没有必要去问她的意见。

第 1 章 爱与憎：以爱之名的伤害

假如这个时候女儿说："我不！我要吃饺子。哥哥，你别吃了，爸爸你也别吃！饺子是我的。"那会怎么样呢？会觉得女儿疯了吧，精神出问题了吧，这会变成母亲无法处理的家庭问题，这可是"抹黑"母亲的事情啊。被挑战了威严的母亲会失去家人对她的信任，变得毫无立足之地。大多数女儿或许会不开心，但因为很自然地明白这些道理，所以只会撕开拉面的包装袋来疏解内心烦闷的情绪。

在母亲还是个女儿的时候，母亲也一定因为姥姥伤心过。但当成为母亲后，她就忘记了过去，在自己都不知道的心理作用下，因为期待或是强迫给女儿施压。或许这就是作为弱势群体的女性曾经必须团结才能生存的一种方式，因为弱势群体唯有抱团才能存活。但是如果不能处理好有着各种微妙关系的母女问题，那么母女二人都很难实现各自心理上的独立与成长，女儿又会将这一团乱麻在自己的女儿身上重复上演。

结果就是错综复杂的母女关系又对其他的社会关系产生了负面的影响。不单单是对自己，甚至会影响子女、伴侣、恋人等各种重要的社会关系。因此，母亲跟女儿扮演好各自的角色，在各自的生活空间里独立生活，这才是能让彼此幸福的途径。

令人窒息的母女关系需要的是什么

有时母女关系会令人窒息,此时,为确保喘息的空间,应该各自后退一步,客观地来看待这个问题。想要客观,如此即可。倘若将母亲对自己说的话或者做的事情,转换成是朋友的母亲对她做的,那我会怎么想,我又会有怎样的感觉?假设发生在别人身上,又或者看作邻居家的事情,这个时候的想法就是客观的。

你跟母亲之间是怎样的关系?也许会有这样的想法,"那要怎么办啊"这话似乎在母女之间显得违和。我们彼此都是拥有美妙声音的乐器,因为不协调,反而总是发出刺耳的声音。只要稍微调整一下就好了,这样我跟母亲就都能保留原有的声音,还能产生共鸣。为了适应与母亲心理上的距离感,因为她去探索无法具象的行为或者选择,努力不被卷入母亲的情感旋涡,为了自己舒服而利用母亲,帮助她以女性的角色存在,不强求女儿成为懂事的孩子,摒弃掌握女儿所有思想的想法……这类的心理层面探索过程可以被称为

第 1 章 爱与憎：以爱之名的伤害

"调音"。

所有的关系都需要知识和技术，自然也包括母女关系。因为母女之间出现的情况里原本就没有这些。您与您的母亲关系是怎样的？是能意识到问题存在的关系吗？因为过于亲密，你们反而成了"不能直视问题的"爱憎关系吗？探索自己与母亲的关系是能够极大地促进自己成长的挑战。去挑战吧！去探索吧！如同踏上从未触及的美丽热土一般。离世之前，一定要见证一次，这为自己而活的大地究竟是怎样的一副模样。

妈妈，为什么你不在意我

刚过40岁，我就失眠了，这样持续了一年多。若是能让我好好地睡上一觉，现在让我去参加高考都可以。就是这样的心情吧，只要闭上眼睛躺在床上，我就愈发地清醒，像压了块石头似的喘不过气，如同穿着铠甲躺下那样，动弹不得的郁闷让我几乎窒息。在《爱国歌》的第二章节里出现的身披铠甲的松树，不是别人，正是我自己，这般郁闷之后，我像是沉入了深海。虽然只是一种感觉，但这比现实更加强烈的感觉让我更加感到恐惧与冲击。茫然地沉没在漆黑的深海之中，近乎窒息，这种死亡般的感觉过于真实。

这样的感觉持续了一年多，只要躺着就像是在举行某种仪式似的不停反复。要是晚上10点还没办法躺下，那我就会

第 1 章　爱与憎：以爱之名的伤害

变得郁闷。今晚又该如何度过？这种痛苦的感受要持续到什么时候？而且，最让我好奇的是那种令人窒息的感觉到底是什么？缘何而来？这分明是一种信号，是我给自己的信号，无意识的呐喊，要求我找寻到已然忘却的内心，是啊，我想知道，到底怎么了？出了什么问题？

　　我对所有事情的态度都是目标指向型，所以我想要尽快找到答案，结束这份痛苦恢复往日的生活。事实上，尽管我现在是平静地写下这一切，但当时感觉可能再也无法回到从前，面对未知，我觉得人生暗淡无力。不单单是失眠，每当觉得自己失控的时候，我就会感到窒息。譬如在行驶的汽车里，在堵车的高速公路或是隧道中，想不起写的备忘录内容时，或是突然有了想吃却绝对吃不到的东西时，又或者是在乘坐电梯的时候……当出现超出我能力范围的情况时，我就不得不与那种窒息的感觉去斗争。孩子还小，我必须要结束这样的生活，若是无法带着孩子平安地乘坐电梯，那将会是怎样的变故啊。

失眠的实质

突然某一天,想要了解伤痕来自哪里的无意识,与疯狂地想要找寻痛苦原因的有意识,终于相遇。我明白了这让人窒息的感觉从何而来,敲打吧,这样能把它打开……让我窒息的秘密浮出了水面。

我家里有个相框,里面放着我大概5岁时在游泳池边拍的照片。母亲拍下了穿着可爱比基尼的我从泳池里走出来的瞬间,母亲说我实在是太可爱了,把照片做成A4大小放进相框挂在了卧室中。直到我读高中,母亲依然着对这张照片回忆我的儿时。但是在拍这张照片的前几分钟,发生了一件大事。那天,我溺水了,差一点死掉。泳池是由浅至深的设计,一开始还在浅水区玩耍的我慢慢地来到了够不着的深水区,很快我就被水淹没了。至今依然记得,整个身体浸在水中微微向前翻滚,双脚浮在水中,无法控制重心的那种感觉。因为想要叫唤母亲,还呛了好几口水,感觉水都进了我的脑子,就这样挣扎着,幸运的是身体飘向了浅水区,不知什么时候脚尖竟然碰到了水池底部。直到快死之前,我的鼻孔总算露出了水面，泳池边清扫大叔的拖把映入眼帘，就是这个从死亡边缘逃离的瞬间，母亲一边说着"哇！真可爱！"，一边咔嚓咔嚓拍起了照片，真是人神共愤。

那天的事情早已被我忘得一干二净，此时又清晰地出现在了我的脑海中。并没有完全忘记，只是不知从什么时候开始不再想起，好像没有发生过一样……这就是我的记忆。但是当我再次回忆起那个瞬间，我似乎明白这就是40多岁的我深陷失眠痛苦的原因。让我好奇的那股沉入海底的感觉，原来就是我曾经的经历。当我把这件事说给心理咨询师听后，我发现我摆脱了这窒息的恐惧，再也不会觉得躺在床垫上就是掉在海里了。有时候就是这样微妙，告诉自己"我知道！就是当时的感觉。当时我溺水了，现在没事儿了。来，深呼吸！"慢慢地这种感觉就变淡了，然后消失得无影无踪。现在我可以安睡到天亮，能连续睡上11个小时……

沉默的报复

但这又给我留了另一个课题。在分析窒息的日子与泳池事件的过程中，产生了两个疑问：第一，为什么那天我从泳

母女的世界：爱与憎的矛盾体

池出来的时候没有哭？别说哭了，我怎么还做出超可爱的表情，以至于拍了张最佳照片挂在墙上若干年？我的孩子5岁了，我知道孩子有这样的反应是极其不正常的。如果是我的孩子发生这样的事情我会怎么办？我是绝对不会留个5岁的孩子独自在游泳池里的，所以不可能会发生这样的事情（因此对于把我一个人丢在泳池里的母亲，我是怨恨的）。如果经历了不好的事情，孩子一定会大哭，吓得像狂风下的白杨树不停地颤抖。或许我也会因为自责，抱着孩子一起痛哭，尽我最大的可能安抚他，然后带着他去医院做肺部检查，确保体温没有过低，最终孩子可能抱着昂贵的机器人玩具睡着了，而我整夜醒着，生怕孩子在梦中惊醒，也许好多年都不会带孩子靠近泳池了。

可是我既没有哭，也没有任何的表情，什么都不知道的母亲当然不会安慰我，更不会了解我的痛苦，是我自己拒绝了母亲的介入。

第二，为什么那天以后，我也没有对母亲说起过这件事情？尤其是母亲看着照片夸我可爱的时候。

"妈妈你还笑得出来？你知道那天发生什么了吗？你跟别人聊天，就把我一个人丢在了泳池了？你疯了吗？我那天

第 1 章 爱与憎：以爱之名的伤害

差点死在泳池里。妈妈，你为什么不看着我呢？游泳池对孩子来说，不是一个危险的地方吗？淹死是一瞬间的事情啊！你也太没有安全意识了吧！唉……你一直是这样的。跟朋友聊天相比，照顾我可没意思多了。只要想跟别人聊天了，你就恨不得我从这个世界上消失，总是把我一个人留下。你知道我差点死掉吗？我不想看到那张照片，马上扔掉！可爱？哪里可爱了！死里逃生有什么可爱。"

啊……写到这，突然觉得心里舒服点了。为什么我一句话都没有跟母亲提呢？（母亲您为什么走得这么早？我还有很多话想跟您说。）

我问心理咨询老师："为什么那天我没有哭，而且我再也没有提起过那天的事情！那时候，我才5岁啊。"

"也许那天发生的，对你来说并不是第一次了。可能在这之前就有过类似的情形，所以你的内心是有挫败感的，认为告诉妈妈也没有用。"

"啊……原来如此。"

尽管母亲想要有个孩子，可她完全不懂得如何照顾我。在我的记忆里，我几乎是跟着奶奶长大的。对我来说，母亲不是能轻易与我一起的人，她不会等我，会留我一个人待着,她爱我却不把我放心上,对我不好奇,也不会表达爱意,是个眼里只有自己的人。

不知道从什么时候开始,母亲原本在我心中的位置开始偏离,我对她不再期待。因为感恩母亲哪怕再辛苦也未曾松开我的手,我不能成为她的麻烦。我爱过她,想念过她身上的味道,也曾等过她。回望过去,原来我曾是个孤独的孩子。

某种意义上说,所谓的孤独是指无法从任何意义层面产生联结的一种情感,为了摆脱孤独,"连接"成了核心点。(省略)但是如果他人没有接受真实的自己,其孤独会加倍,他可能会为了扮演好人而隐藏真实的内心。扮演好人,是否能够获得好的评语,是否能够架起人与人之间的桥梁,尚不得而知,但内心一定会充斥着无法抹去的孤独感。

水岛广子,《为玻璃精神而著的心理书》,
第167-168页,gellion

我想与母亲建立连接,可总是无法实现,这让我很受挫。尽管如此,我依然期盼能与她心灵相通,所以从小就和她建立起了爱憎的关系。因母亲而体会到的内心挫败感，让我选择用沉默来报复。然而这种沉默其实是渴望母爱的一种外在表现。母亲总说我很冷静，是善良却过得辛苦的女儿。说是个模范学生也好，是她的开心果也行，结果她觉得我是个冷静的孩子。在我的成长过程中，我表面上和母亲相处得很好，也让她很是开心，但我从不表达真实的自己。母亲直到去世前一年，才第一次明白我是个怎样的人。我也是直到她临走之前，才向她展现出我本来的面目。当我意识到原来很长一段时间里，我对母亲保持沉默是出于泳池事件的报复时，我深感心痛，也有点后悔，但只有一点点，毕竟这是一个5岁的孩子为了活下去而做的选择罢了。我感到心疼，也知道这不是最好的选择，但我仍想对这个孩子说："你受累了！"

为找寻真实自我而做出的无意识的选择

其实那天告诉母亲也未尝不可，比起一个5岁孩子对母亲的认知，实际上母亲远比猜测的更伟大。假如那天能一边哭着一边跑到母亲跟前就好了，她一定会抱着我轻声安慰，跟我说对不起，她不应该留我一个人在泳池里，那一天，错过了太多。孩子们远比大人们想象中还要难以预测，这就是为什么大人们应该不断了解孩子们的内心，心思细腻的孩子习惯将许多的情绪隐藏起来。

现在面临的许多问题的关键节点都在过去的某一时刻，要想找到这把钥匙打开心门，是件艰难、恐惧又让人窒息的事情。我完全不明白，为什么我无意识的选择，会将已故的母亲与我的失眠联系在一起。或许是因为人本身就是渴望修复和治愈的存在吧，我是这样认为的。人类通过对无意识的探索，发现他人在我们身上留下的痕迹，像探索他人的领域一般认识自己的领域，只有这样才能成为独立的存在。假如我疏远给我带来深远影响的母亲，那么我就很难找寻到真正的自己。我渴望找到那个真实的我，而我的无意识更是引导我前往这个方向。

有一天，孩子躺在床上对我说：

"真的好神奇。我的妈妈就是好，是世界上最好的妈妈。太神奇了吧。"

虽然我不曾拥有世界上最好的妈妈，但对我的孩子而言我是这样的母亲，这样就足够了，即便我满是伤痕。尽管在

第 1 章　爱与憎：以爱之名的伤害

痊愈之前，我有很长一段时间喘不过气来，但痛苦给予的回答却是有意义的。不过，我再也不想过那段令我窒息的日子了。家长们，一定要看住泳池里的孩子啊！

害怕被抛弃的不安

小学的时候，每到放学时间，我就像支离了弦的箭一般飞奔回家。和朋友去吃油炸食品，然后跑去游戏厅玩游戏，这种奢侈对我来说是想都不敢想的。回到家把书包扔给奶奶，立马冲去和妈妈一同住的地下室，打开衣柜闻一闻母亲的味道，心里想着"妈妈走了吗？没走吧……"当我看到母亲的衣服好好地挂在衣柜里时，算是松了一口气，"啊……太好了！妈妈没有走！"为什么每次下课都要冲回家？因为我想尽快确认母亲是不是还在家里，今天是否依然平安。倘若母亲的衣服安然地挂在衣柜里，那么这就意味着今天也是平安、幸运的一天。

电视剧里那些挨父亲打的母亲们一般都会出逃，这场面

第 1 章 爱与憎：以爱之名的伤害

让我总是很害怕，我的父亲也老是欺负母亲，有时候在家里砸东西，甚至家暴母亲。在年幼的我眼里，我家就是母亲逃跑都不奇怪的那种，父亲回家次数少之又少，偶尔回来一趟，家里跟台风过境似的。母亲总是看着很悲伤，因为有"我"这个存在，所以不得不留在家里，实在是太可怜了，只要愿意抛下我，她就能获得自由，我总会想象母亲抛下我去寻找自由的样子，这种不安在我小学一二年级的时候达到了顶峰，可我从未向母亲表露过，只是每天打开衣柜确认她的衣服是否还在——"嗯！今天也是平安无事的一天呀！"默默地安抚着自己不安的心。这个习惯持续了一年左右，幸运的是，每一天都是平安无事的一天。可那个时候气喘吁吁地跑回家，急匆匆地打开衣柜的感觉，至今依然历历在目。在一个不幸福的母亲身边长大，我也不可能会成为一个幸福的孩子。

目前还不清楚，母亲如何与子女保持敏感又带有感情的联系，可能在孩子出生前，母亲就与胎儿在生理上产生了相互的作用；也可能是在孩子出生后的早期产生的，随着时间的推移，这一过程可能会在彼此不安的感情影响下逐渐升

母女的世界：爱与憎的矛盾体

华、扩展，但也可能只止步于一系列相似的过程。

丹尼尔·费罗，《伯恩家庭治疗简论》，
第108页，西格玛出版社

母亲与孩子之间是互相感到不安的，胎内环境受母体压力与荷尔蒙的影响，所以孩子从胎儿开始便能感受到来自母亲的不安。或许我就是这样的吧，毕竟我是个不受欢迎的孩子。在某些人眼里，我存在的意义就是愤怒和混乱，我的出现本身就是个意外。

回想起来，母亲在比现在的我还小12岁的时候生下了我——一个不受欢迎的孩子，一个不知安放在何处的孩子。这对于35岁的母亲来说，是多么可怕和不安的事情啊。可是她为什么选择生下我呢？在那样的情况下，她感到不安是理所应当的，而我也很自然地分担着她的不安。

出生、成长，都是不安的。不在一起生活的父亲，甚至会将外婆家的财产拿去做生意。结果就是他破产了，债主们登门也是常有的事儿，外公外婆得多善良啊。无论是白天还是夜晚，只要债主们来，我都假装睡着了，蒙在被子里听着自己咚咚咚的心跳声，与满身的不安做着抗争。

第 1 章　爱与憎：以爱之名的伤害

我心中的孩子流下的眼泪

　　童年的不安也深深地影响着成年后的我，在睡眠障碍治疗的过程中，我回想起了很多无法用言语表达的事情，我泪如雨下，不过还发生了一件奇怪的事情。不知从什么时候开始，梦里会经常出现一个孩子，她朝我跑来，然后被我拥在怀里。这是怎么回事？是梦还是现实？这种感觉反反复复。我睡着的时候会被这个孩子扑醒，然后带着这种感觉等待日出。这孩子到底是谁？仔细去想那慌张的感觉，似乎那个孩子就是我，那个小时候对一切都感到不安的年幼的我，她向如今的我奔来，被我抱着，又不见了，又朝我跑来，周而复始。当我意识到这个孩子就是我自己的那一瞬间，我狠狠地哭了起来，直到这一刻，我才将小时候打开衣柜时没能流下的眼泪通通倾泻而出。我用力抱紧孩子，对她说：

　　"没事了，已经没事了！真的辛苦你了，你可以放心了。你那时候没能力，现在不同了，已经是年富力强的大人了。都好了，痛苦都结束了……"

　　就这样抱着孩子，哭了好几天，她就再也没有出现了，

母女的世界：爱与憎的矛盾体

好神奇。

像这样在自己刚出生和幼年时候会感到不安的人，在往后的人生中也常常会面对不安。这种不安，并不只会影响自己的心情，更会衍生至与他人关系的建立，从而变成心理上的障碍。生了3个女儿，结果第4胎还是女儿，于是给她取名"终男"。为了有个儿子而费尽心思的女性们，因为是单亲家庭而被周遭歧视的孩子们，生在哥哥死后被叫作"吃男娃的女孩"，父亲不务正业、长在糟糕的环境里的孩子……这些人本身就因为充斥着不安而敏感。在他们的想象中，未来只会和过去一样。

我也是这样子的，人际关系方面受原生家庭影响，特别在思想和情感上，和某一个人维持关系会让我感到不安，虽然内心是渴望这段关系能长久地维持下去，但又担心我所珍惜的东西会很快破裂，为此我感到焦躁与痛苦，总感觉会经历命运般的事情，或者说担心对方会变心，又或者是害怕自己会突然落魄，关系似乎要结束，对方可能会随时抛弃我，这种不安的情绪久久不能挥去。有的时候，因为过于没有安全感，我反而会选择先离开，对我来说保持一段长久的关系反而会让我觉得这是条充满不安、极其残酷的道路。

第 1 章 爱与憎：以爱之名的伤害

婚后亦是如此，总觉得谁会发生不好的事情，一方生病、离婚，又或者是婚姻名存实亡了等等，我又得是一个人了，这种不安常常隐藏在我的内心深处，我总是下意识地觉得我会被抛弃。这与我的爱人无关，就是我自己的问题，所以哪怕想吃个夜宵，也从不会让爱人去帮我买，因为早前我在广播里听到过这样一个事故，丈夫在给妻子买零食的路上出了车祸去世了，从此我的不安具象了，"看！会发生这样不好的事情，你看，她不就一个人了？那也太可怕了。"越是珍惜的人在身边，我越是没有安全感。

减少不安的能量

随着时间的流逝，犹如细雨湿衣般，我逐渐安定。毕竟，既没有发生什么戏剧性的事情，也没有中大乐透。不安自然而然地减少，我的重心开始慢慢向稳定这一边倾斜。从根本上来说，不安的情绪是不会消失得一干二净的，偶尔也会突然感到恐惧，可是"或许你又要一个人了！你可能会被抛弃。"这样的声音却在逐渐变小，到底是因为什么呢？我整理了一下，大致如下。

母女的世界：爱与憎的矛盾体

　　那时候的我虽然很脆弱，但是现在的我足以与他人建立稳定的关系，适应完整与不完整。也许从前，他们也已经尽力了。"我要保护现在，保护我自己，保护我爱的人。"在这种想法深入内心之前（省略）有必要和像枕头被子一般给人安定情绪的人建立再养成的关系，或者是需要自我的再养成。加利福尼亚大学洛杉矶分校（UCLA）精神健康医学临床教授丹·西格尔认为想要再形成这种依附关系，大脑会发生重组。

许智嫒，《我还不认识我自己》，
第93页，金永社

　　换句话说，哪怕人的大脑被不安的情绪所蚕食，只要经历过稳定的关系后，重新体会过安全感的大脑就会重组。小时候受过许多伤害的人，对人和感情的看法不免会产生扭曲，但这还不是最终结果，成年后若想尽力爱自己，与安稳善良的人保持长久的爱情关系的话（如上文引用的丹·西格尔教授所言，大脑的重组大概需要5年的时间），人类需要重组大脑，去建立新的想法和情感，这无异于重生。更甚，人类在重生中治愈自己并且成长，抚平幼年时的伤痕的同时

第 1 章 爱与憎：以爱之名的伤害

重获新生。

"嗯……很好！"

"不是所有人都会离开的……"

"我值得被爱！"

用这样的方式转换对人和事的看法，这是个让人惊叹的事实，一段健康的关系促成了大脑的重组，给人带去最大伤害的是人类本身，但最能治好那些伤痛的也还是人类自己。

倘若你问我，恋爱和婚姻能给人带来怎样的益处，我想说可能是能够以爱之名给予他人无穷无尽的奉献吧，曾受过伤害的大脑也会因为爱变成能够感受到幸福的大脑。

有一天晚上，孩子说打球太累了，想让我给他按按脚。可是那天我也好累，"孩子啊，妈妈今天讲课站了一天，又坐了很长时间的车，饭都没吃就回来了。你不觉得我很可怜吗？"听完我说的话，孩子觉得很震惊，他问我哪里可怜了，明明妈妈是那么元气满满、从容冷静，他从没觉得自己的妈妈可怜过，他的妈妈是个强大又霸气的存在……听了孩子的话，我非常开心，认认真真地给他揉起了腿。

是啊，我的母亲软弱不安，所以小时候的我也是那样的，可我现在变强了。在孩子眼里，我不再是那个不安无助的存在，所以我的孩子安全感满满，好希望母亲能拥抱一下这个在自由自在的环境中成长起来的帅气孙子，那该有多幸福呀！

两副面孔的母亲

某天夜晚，我走在路上，碰见了我认识的孩子，他今年9岁，年纪蛮小的，一个人在便利店吃完晚饭准备回家。但孩子没办法一个人走这么黑的夜路，听到我说送他回去，也没有拒绝。陪孩子走了差不多5分钟，我问他："路黑吗？害怕吗？"孩子回答我说只是路灯尽头昏暗的地方有点害怕。孩子告诉我，他从一年级开始就过着这样的生活了，因为爸爸妈妈都很忙，虽然家里有很多吃的东西，但自己喜欢吃拉面，所以就跑去便利店了，不过妈妈回来晚上还是要再吃的，自己也并没有那么害怕这样漆黑的夜晚。孩子看着又文气又早熟，我感觉在跟一个19岁的孩子对话。

站在孩子家门前，看着他一个人走进漆黑的家，心里很不是滋味。看着他家还蛮好的样子，我短暂地陷入了沉思，纳闷父母怎么能连做顿晚饭的时间也没有，或者也可以请个照看阿姨，怎么就能让孩子自己一个人。孩子告诉我，一会9点钟爸爸妈妈就会回来了，这一路上我觉得有点难过，可能是因为当时我正因为"母亲"在接受心理咨询，对这样的事情会更加敏感。年纪还小的孩子，每天独自走在黑漆漆的回家路上，坐在家里等着父母回来，这样的场景与我小时候的经历重叠在了一起，当晚我就做梦了，那个梦真实又强烈。

梦里，我和孩子一起走进了他家，孩子去洗手的时候，妈妈回来了。孩子的妈妈身体是一个的，可却有两个头，换句话说就是有两张脸。一个头的头发又直又长，看着挺善良的，但略显苍白无力。另一个头上的却不是人脸，是个类似美杜莎的怪物，好像在毕加索的画上看到过，给人露骨的、强壮又分裂的感觉。这张小时候挂在我家二楼，当时无法理解甚至觉得有点可怕的画，出现在我的梦中。我给有着两个头的母亲打开了门，她躺在沙发上看着我，这种极度的不适感让我从梦中惊醒。

惊醒后的我心怦怦直跳，其实这个梦是关于我自己母亲的。从小与母亲不亲近，关系也不大好的我一点也不懂她，直到现在，我也不明白我的母亲是个怎样的人。事实上，定义一个人本身就是不可能的，因为人的存在是无法用一种定义去归纳的。尽管如此，小时候的我，依然特别渴望了解母亲到底一个怎样的人。人是千面的，面对不同的人，会发生多大的变化也是未知的。人类是如此多变且难以定义的存在。而我，却想把母亲固定在某个简单的框架内简单地整合在一起。于我而言，母亲被切分成了各种碎片，每一块碎片之于我的情感是不一样的。没有融合成一个个体的母亲，对我来说是个艰难的存在。我讨厌这种费劲痛苦的情感。

尽管母亲很爱我，但她从不将时间用在我的身上。有的时候会过度保护，有的时候又会特别放任。哪怕工作很忙，她也不让我从她的身边离开，她执着于我的存在，却还是会望着别的地方。

我不太清楚，别人在喊"妈妈"的时候是怎样的感觉。我的母亲不一般，以至于我不明白日常生活中"妈妈"这个称呼会带给我怎样的情绪。偶尔，我会将奶奶想象成"母亲"去猜，可能"啊……也许我对奶奶的这种感情，就是别人对妈妈的感觉吧。"在我眼里，奶奶就是母亲，只是她没有生下我，但给我的每一个瞬间都是母亲般的存在。奶奶对我来说，不是分裂的，反而是融合的。虽然有时候会让我觉得害怕，但奶奶很有意思，也很爱护我，母亲给我的感觉反而是模糊的，蒙着面纱，犹如雾气缠绕。更让我郁闷的是，她已经离开了这个世界。即便我想问她，"您是怎样的一个母亲？我对您来说是什么呢？"，也再不会得到答案。虽然我想把破碎的母亲一片一片拼凑成完整的她，但这是永远都不可能实现的。母亲像出现在我梦中的戴着两副面孔的女人，也像是破碎的玻璃碴子，不小心踩上去会很疼。这样的认知，让我感到很痛苦。假如无法解释我的母亲是个怎样的人，对我来说她又是怎样的母亲这两个问题，那我就找不到存在的意义。可是，她已经去世了，仅凭记忆中的母亲，我更加无法去了解她。某天，挣扎在这样的痛苦之中的我了解到荣格的人格面具（persona）概念，心灵得到了莫大的安慰。

依照荣格的理念，每个人都戴着上千副面具来应对社会压力，根据不同的状况，戴上相应的面具来维系社会关系。只是与这种人格面具相关的负面压力、孤立感或是膨胀感会

第 1 章 爱与憎：以爱之名的伤害

变成病理性的问题。面具越多样越好，独处时的自己，与他人在一起时的自己，社会中的自己，肯定是不一样的。打个比方，如果你以独自在家的状态参加重要的聚会，那这就是病理性的状态了。

许智嫒，《我也还不认识我自己》，
第33页，金永社

人本来就是无法完全理解的存在，不仅如此，即便你不去理解，不去融入，也不是什么问题。哪怕母亲对我来说只是几块碎片的集合，那也是她曾经艰难岁月里，为了活下去而戴的几副假面。即便我无法通过这些去融入她，现在的我也依然存在。除此之外，我自始至终无法融入母亲，反而证明了我与她是完全不同的存在，所以无法融入母亲这件事，与我的安全感完全无关。想到这，曾经因为有两副面孔的母亲而产生的思维不再混乱，想要融入母亲的那份执着也随之消散。

母女的世界：爱与憎的矛盾体

茄子焗饭带来的真相

偶尔会有这样的瞬间，当我意识到我在孩子面前展现的形象与母亲如出一辙时，心里免不了咯噔一下。例如，我的母亲并不是个很懂得如何与我相处的人，不知道怎么跟我玩游戏，也不知道该与我分享什么。如果是休息日，母亲是绝对不会在家的，她一定会带我出去，去买个炸猪排，或是去百货商店，又或者是带我去美食餐厅（可惜，自从10岁家里破产后就再也没有过了），也许这就是母亲休息外加陪伴我的方式。那个时候，对我来说去哪儿也好，吃什么也好，又或者哪儿都不去，只要跟母亲在一起就无比幸福。

偶尔有一天，我发现原来我也是这样对待我的孩子。当我跟孩子一起的时候，经常就会说，"要吃冰激凌吗？""要去超市不？""要不要去吃个甜甜圈？"然后就拉着孩子出门了。这样的事情，一定是在只有我跟孩子两个人的时候才会反复发生。当然，对于可爱的儿子来说，这世上应该不会比买好吃的给他更幸福的事情了，但对我来说，这分明是曾经我的母亲对待我的方式。虽然我想成为不一样的母亲，可最终还是变成了她的样子，为此我感到害怕。

第 1 章　爱与憎：以爱之名的伤害

有天，发生了"茄子焗饭"这样一件事。与很多孩子一样，我儿子也不喜欢吃蔬菜。只要看到蔬菜就紧紧地捂着嘴巴，肩膀晃个起劲，要想让他吃下去，只能将蔬菜放进炒饭或者是三明治里。他不肯吃蔬菜，像个任性的小孩似的背过身子。我为此感到非常疲惫，但一想到30年后孩子可能会因为心血管疾病而饱受折磨，我就把茄子切得小小的，然后把它做成了意式焗饭。但儿子就像在数豆子的鸟似的，一颗颗规整在一起，像是要聚集茄子的灵魂般的摆盘，看着有着如此匠人精神的儿子，我突然爆发了。母亲们都是如此，因为一点点的小事，就突然崩塌。

"你！如果不吃蔬菜的话……要想想你的身体……挑食……你知道你妈最近有多辛苦……随你便吧……都别管了！反正人生就是虚无……"

最终，因为孩子不吃茄子焗饭，我得出了人生无常的结论。孩子只是将茄子挑出来，带着一副无法理解的表情，困极了地坐在爆发着的母亲面前。对着孩子一顿输出也依然没有冷静下来的我躺在了沙发上，开始第二波。

"茄子……嗯？得做得多好吃你才愿意咽下去啊？嗯？放蜂蜜里？"

母女的世界：爱与憎的矛盾体

可就这样躺着躺着，我突然想到，"嗯……我是不是跟母亲不太一样？这就是不同的地方吧？"

我的母亲从没有给我做过拌菜吃，只会给我买香肠，也从没有因为我不吃蔬菜唠叨或是发火。这对我来说并不是自律，反而是一种放任，她只会把我托付给奶奶照顾。但与她不同的是，我却因为儿子不吃茄子，担心他可能30年后会得心血管疾病而感到气愤不已。我挑食她不管，自然也不会因此感到什么压力，但我却因为孩子拒绝吃茄子感到压力山大。所以，我们绝对不一样。

听完这个故事，心理咨询师问我："那一刻是不是感觉自己是个比母亲更棒的妈妈？"

嗯！虽然感觉对不起母亲，但坦白地说，我的确这样觉得，当我意识到：我是个会因为孩子挑食而伤心且极其平凡的妈妈的时候，开心得都要飞起来了。我的母亲不平凡，也不一般。所以当发现，我与我深深埋怨的母亲完全不同时，我感到非常安心。如果母亲无法很好地治愈自己情绪上的伤痛，那么这些就会影响到自己的女儿，从而变成那个心理上的不幸命题："母亲的命运即是女儿的命运"。我总是害怕着这个事实，决心不要成为母亲那样，就这样抵触着生活。

第 1 章　爱与憎：以爱之名的伤害

但是，因为过于执着这一部分，我反而忽略了"我与母亲本就是完全独立的存在"的这一事实。仔细一想，其实也是理所当然的。我与母亲是不同的人，自然会过上不一样的生活。所以我为什么要如此担心会变成母亲那样？

相当长的一段时间里，为了找到真实的自己，我曾幻想将碎片般存在的她拼成一个完整的母亲。为了知道母亲到底是怎样的一个存在，我渴望有办法能够完美地分析她。只有这样，才能治愈我的不安与彷徨。可是为了生活，母亲需要各种各样的面孔，是"茄子焗饭"让我意识到我与她是完全不同的存在。茄子不仅有利于血管健康，还让我明白，将母亲拼凑成单一个体的问题再也不是问题了，我非常感激。母亲没有办法只戴一副面具，所有的母亲都是不同且唯一的，我也是个独一无二的妈妈。所以，我为什么非要觉得统一才是答案呢？彩色玻璃也是玻璃的工艺，就像是各种方块结合在一起，会诞生出艺术品一样。这所有的一切都因为茄子这件事情发生了。没想到，茄子竟有如此意想不到的惊人效果。

母亲的双重身份

　　随着年龄的增长，女儿们会慢慢明白这样一个事实，母亲的话不全是对的，也会存在不合理之处。成长过程中，面对母亲发出的无数的信号，女儿会产生"有点奇怪吧？"这样的想法。但俗话说"润物细无声"，女儿还是会在一定程度上不可避免地接收母亲的信号。遇到问题了，接收来自母亲并不合理的指令时，女儿会发现错误，这一瞬间她会因为"这样不对吧"或是"不是那样的吗"而受到巨大的冲击，成了疯狂派对上的女主角。

　　从小到大，宥拉在母亲的严格控制下长大，她的一举一动都在母亲的掌控之中。即使上了大学，她也从没开心地参加过一次团建活动，因为母亲认为女生是不可以随便与男生

第1章 爱与憎：以爱之名的伤害

混在一起的。宥拉的母亲想要把她打造成"一方净土"，可以在未来的婚姻市场上占得先机，以至于还出现过——她在学校通宵做小组作业，母亲突然出现强行把她带回家的事情。

自那天起，宥拉就再也不反抗了，可惜的是在她毕业之际，父亲的事业遭遇滑铁卢，宥拉不得不投入就业的战场中，这彻底地背离了母亲曾经幻想的世界。宥拉变成了一家之主，承担起了所有的经济负担。幸运的是，在工作中崭露头角的她获得了不错的年薪，就这样10年过去了，父亲也有了新的事业，家里也暂时稳定了下来。可是新的问题出现了，宥拉的母亲找回了从前的闲心，又开始像从前那样掌控女儿了。但是，这与母亲从前的教导背道而驰。

"你不跟男生交往的吗？我朋友的女儿都跟男朋友去旅行了，你都不想交个男朋友？一下班就回家，没地方可去？连个一起玩的男同学都没有？"

那一天，宥拉感受到了人生中最大的愤怒，她感觉自己的人生被偷了，全是谎言，她曾也想过与男性朋友们打成一片，单纯做个朋友，或者玩一下暧昧，又或者是一起去约会，可那个时候这些是不被允许的，自己像是犯了什么罪一样,不可以跟任何男生有接触,如今又只有上班,这种无可奈何令她极度愤怒,"是因为谁我才变成现在这样!听了妈妈的话,我就像个傻瓜。"直到现在,宥拉依然无法轻易原谅母亲。

母亲的双标以各种各样的形式登场,使女儿陷入混乱。像宥拉这样,既有贯穿整个人生的双重信号,也有日常生活中反复出现的、如芝麻粒般大小的双重信号。无论是怎样的双重信息,都不容小觑。

日常生活中的双重信号

秀熙因为母亲平日里反复发出的双重信号而感到无力,今天她的母亲释放了如同芝麻粒般小的双重信号,简单来说大概是这样的。

场景1:苹果

(某天收到了苹果礼盒,贴着金箔纸的苹果很是漂亮)
秀熙:"哇!好漂亮的苹果。妈妈,给你削一个?"
母亲:"你自己吃吧!我肚子不舒服,好像有点不消化。"

秀熙:"是吗?那您不吃了?"

母亲:"嗯。"

(听了妈妈的话,秀熙安心地削了一个苹果吃,当吃到最后一口时)

母亲:"唉,真无情啊,你怎么都没有劝我吃一口呢?"

场景2:化妆品

秀熙(准备下单买化妆品)"妈妈,这个非常好用,给你也买点吧!"

母亲:"算了吧,别浪费钱了,好用就要买回来的话,还怎么存钱啊。"

(化妆品到了,当看到秀熙涂抹的时候)

母亲(每每看到秀熙):"哎哟,最近这张脸怎么这么紧致。"

(此后,每次看到秀熙,母亲都会让秀熙把脸拉开。)

场景3:秘密

(母亲说着对奶奶的不满,再三叮嘱秀熙一定要保守秘密)

母亲:"我今天说的是秘密哦,梦里都不许说出去,绝对不能告诉爸爸。"

(秀熙得了母亲的命令,像个独立战士似的死守秘密,几天后)

母亲:"你怎么这么没有眼力见儿啊,也不是让你全盘托出,你就摘几句说不会吗?"

(此时才幡然醒悟,下一次母亲说的这些秘密,秀熙看准时机透露给了爸爸。可是这次母亲勃然大怒)。

母亲:"你是把我的话当耳旁风了吗?不是让你不要说吗,你是要制造家庭矛盾?你就这么没有判断力?什么话该说不该说,你都分不清?"

母亲总是不断重复这样芝麻粒大小的双重指示,以致秀熙都可以写一捆《母亲的双重指示》这样的书,母亲用双重标准在女儿的世界里兴风作浪。

什么?她爱爸爸?

我从母亲这得到的双重信息是关于我父亲的,父亲不在

第 1 章　爱与憎：以爱之名的伤害

家的时候，母亲从早到晚地念叨着："你怎么有这么坏的爸爸？"这句话从《早间报道》播到《晚间新闻》，其间母亲数落着他的种种恶行。父亲曾是名出色的艺术家，问题在于他还是个野心勃勃的艺术家，他总是独自居住，不会告诉家人确切的信息。可是有一天，他破产了，我们一家人流落街头，直到我22岁，这样的事情发生过两次。父亲始终保持着对艺术的渴望与野心，因此与我们的距离非常遥远，我一直觉得是父亲抛弃了我们，这次，他又背弃了我们。

最终父亲成了伟大的艺术家，还给我们留下了丰厚的财产，却让他的家人不堪重负，面对这样的父亲，我们都觉得应该一起唾弃他。

可是，每当父亲回来，家里就会发生天翻地覆的变化。母亲大开宴席，说是没钱了还会买肉，真的没钱了还会买蟹，只准备父亲爱吃的小菜。综合平日里她对父亲的评价，父亲只配喝一碗凉粥，在屋外乞求几粒盐巴，可母亲的言与行却截然不同，回来的父亲受到了国王般的待遇，这可能是个黑色幽默。我无法理解眼前的这一切，甚至觉得有点可笑，因为没有办法从这样的混乱中脱离，我只能选择保持距离，远远地观望着他俩。

053

母女的世界：爱与憎的矛盾体

在双重信息中，特别是对另一半的双标会给子女带去极大的混乱。孩子们用听来的评价代替自己真实的想法，尽管与孩子想象中的父亲或是感受到的父亲不大一样，但因为母亲给予的评价过于负面和强烈，孩子们往往会将自己对父亲的想法抛诸脑后，选择和母亲站在同一战线上，形成了一个纽带。假如单纯地以好人和坏人来定义人物的话，那故事就会变得简洁明了，孩子们就这样站在了母亲的这一边，一起厌恶父亲。可事实上，母亲却渴望获得丈夫的爱，因此，母亲将爱而不得的压力释放在了孩子的身上，对父亲却是满面笑容，背叛子女算不上什么背叛。母亲在世的时候，从未停止过释放对父亲的双重信息，甚至是死后，这样的信息也一直困扰着我。

接受心理治疗的第8个月左右，我向老师说起了我的母亲，那个独自抚养我长大，没有再婚，一个人孤孤单单直到老去的母亲。

"妈妈真的很漂亮，也有很多人追求她，可是她为什么没有离开我去寻找幸福呢？"

咨询师回答说：

"会不会是因为她爱您的父亲呢？她爱志允，所以才没

第 1 章　爱与憎：以爱之名的伤害

有离开吧。"

"啊？她爱我爸爸？没有的，老师。您不知道，母亲她这一辈子都怨恨父亲，每天都哭，因为父亲她受了多少的苦，绝对不会爱他的。"

"真的吗？不爱吗？即使对彼此的爱有所分歧，可他俩是相爱的，这对你来说不好吗？"

这一瞬间，我感觉像被人用铁锤打了一顿，这是背叛啊！爱？真可笑……母亲爱着父亲？到死都爱着父亲？我的内心如同天旋地转般翻滚。

"我是多么努力地和你一起恨他，原来你不是这样的？我曾竭尽全力去恨他，我的人生是怎样的？一辈子都被我讨厌的父亲又是怎样的？我从未听您说过爱他。"

所以，我被骗了吗？两位都已经去世，真荒唐，我都没办法去确认，整理好短暂的混乱情绪，我给姨母打了电话，我想应该可以从姨母这得到答案……别的什么都不说，电话一通就问的话，应该会说实话吧。

"阿姨，是我，妈妈她爱爸爸吗？"

"……嗯，爱的。"

"什么？你说妈妈她爱爸爸？这像话吗？难道不是这辈

055

母女的世界：爱与憎的矛盾体

子都在恨他、怨他吗？"

"嗯？这就是爱与恨啊，恋人分手了，有了矛盾就这样呗。可是还是爱的，直到死的那刻，姨母知道的，毕竟她是我的姐姐。"

没头没尾地问了句，结果答案是爱的……我至今无法形容那天受到的冲击与背叛，随着时间的流逝，我发现"是啊，爱总比恨好吧"，40岁的我突然不明白什么是爱了，陷入了巨大的混沌中，当时的心情像是在摘一片片的四叶草，像个傻瓜一样地说着："爱！不爱！爱！不爱……"

女儿非常细致地观察着母亲的一言一行，从母亲无力解开围巾的缓慢动作里，感受到了她的悲伤，女儿小心翼翼地呵护着母亲的情绪，对女儿来说，母亲的话就是真理，母亲的立场就是正确的。

母亲们并不清楚自己给孩子带去了怎样的双重信号，也不知道自己发出的信号有着怎样的贯穿性。因此带来的混乱，就完全是女儿们的事情了，孩子们仔细地观察着父母，并深受他们的影响。

双重信号通常是在母亲没有处理好内在矛盾时出现。当母亲内心的矛盾以分裂的形式表露出来时，就会变成双重信

第 1 章 爱与憎：以爱之名的伤害

息从而扰乱孩子。即使母亲无法做到将所有的信息统一，那也应该尽最大的可能去释放一个统一的信息。

另外，如果母亲自己不小心点破了双重信息，或者是因为礼仪、关心等不得不释放不同的信号时，又或者在孩子面前言行不一时，应该向孩子解释其中的缘由。听着母亲不得已双标的理由，了解事情的全过程，对孩子来说也是一种学习。

在企业讲课的时候，会有这样的领导，时常释放出不同的信号，错误地表达内心想要的回答。一会这样，一会又那样……领导的确有自己想要的东西，可是他并不知道如何正确地去表达，结果发出了错误的信号。在这样的领导带领下，员工们因为一句话从操场的左边跑到了右边，又从右边跑到了左边，忽左忽右……这对社会资源是多大的浪费啊，他们的员工得会读心术才行。

母亲释放出的双重信号最终会使孩子们陷入混沌，茫然而不自知。因此，应该慎重地复盘，无心说的话里是不是有双标？有时候问问孩子也可以，我是不是出尔反尔了，言行不一致了？昨天说的是不是跟今天说的不一样啊？有没有因为母亲说的话和真实想法不一样而感到困惑迷茫？孩子们的记忆是个比我们想象中还要巨大的数据库。

人类有时候不得不发出不同的信号。从另一方面来说，人类是不断成长的，因此我们应该尽最大的努力不对女儿们释放双重信息，别像座出了问题的指挥塔，让孩子心灰意冷。

与她的分别

原想着只是去肝病医院做个检查,没想到母亲确诊了癌症晚期。虽然想做手术,但因为已经发生大面积的转移,医生建议没有必要做手术了,站在医院的走廊上,我问主治医生:

"您就开门见山地说吧,通常这种情况,还有多少时间?"

"我也说不准,通常还有一年到一年半的时间吧。"

一年到一年六个月,是多长一段时间呢?我站在走廊上陷入沉思,按季节来数那就是四个,幸运的话就是六个。现在我该做什么呢?能做些什么呢?应该做些什么呢?没有奇迹的话,一年六个月后母亲就会从这个世界里消失。原本这个世界上就只剩下我跟她，我只有母亲一人，可是她却要死了。母亲会怎样死去呢？会很痛苦吗？我该怎么做？假如没了母亲，我会变成什么样？整理了下心情，我走进病房，母亲穿着病号服，显得有点苍白，却像索菲亚·罗兰一样漂亮。和其他的患者一样，与病魔抗争了15个月后，母亲离开了人世。

在这15个月里，发生了很多事情。我辞去工作，专心照顾母亲，而母亲则忙着打抗癌针，与化疗的副作用、疼痛和内心对死亡的恐惧作斗争。为了医药费、生活费，我也短暂兼职过，承担家务，当然也哭过很多次。母亲一会说要不干脆死了吧，一会又说想要好好活下去，哭过、笑过、呕吐过、生气过，也毅然决然地接受了这一切。

就这样与病魔斗争了一年后，我与母亲开始慢慢接受即将到来的死亡与离别。如果能出现奇迹当然是好的，可奇迹却离我们越来越远，我俩开始准备，准备面对死亡与离别。

2003年8月，我生日的那天，母亲给我煮了海带汤，或许这是她最后一次给我煮海带汤，她会是怎样的心情呢？母亲瘦弱的手上满是针孔，轻轻地搅动着海带汤，很是开心地端给了我，母亲说最后一次了，你要好好吃完，妈妈对不起你。我喝着海带汤,反复咀嚼"最后一次"这句话,海带汤慢慢变少了,这让我感到无比悲伤。

时间并没有因此停滞不前,反而以惊人的速度流逝着,母亲越来越无力,也越来越消瘦,死亡正向我们靠近,每天醒来都会觉得这一天越来越近,清晨母亲偶尔显得状态不佳,就对辛苦伺候她的我说这样的话。

"志允啊,没多少时间了,再坚持一下,马上就结束了。"

也许面对死亡,母亲比我还从容也说不定。

母亲去世前三个月,母亲问我,和她生活的日子里有什么样的幸福回忆。我回答说,小时候母亲背我的时候,冬天背着我披着外套,还故意捉弄我,挠我痒痒,在母亲的背上咯咯咯笑的时候最幸福。母亲说:"那我现在再背背看?"那天晚上,母亲坐在病床上背着我,我假装被她背着,游离了好一会,我埋在母亲的背上哭了又哭,母亲也哭了,这是我俩一次真正的道别。虽然没有说很多话,但我们说了很多回忆,那晚成了最温暖、最幸福的瞬间。

和母亲一起与病魔抗争的日子里,经常会有这样的想法:对于心爱的人来说,可预见的死亡和突如其来的死亡,哪种更会好一些？哪种会没有那么难过？哪个又会更悲伤呢？这是没有意义的问题，因为无论是哪一个，都是无法承受的悲痛。

心爱之人的离世，会给我们带来巨大的影响。令人难过的是，在这个世界上，谁都无法避免爱人离世带来的伤痛，大部分人都经历过自己母亲的离世，曾是绝对般存在的母亲，她离去带来的悲痛是无法衡量的。

面对母亲的死亡，女儿们有着各种各样的情感体会。

1. **曾被深爱的女儿们**

母亲的离开，太过悲伤，唯有思念，纯粹的难受。

→ 熬过分离与哀悼，可以尽情地难过，尽情地想念。

2. **对母亲又爱又恨的女儿们**

悲伤的同时提出了新的课题，母亲为什么会那样子呢？母亲给我留了什么呢？你怎么能就这样走了呢？当时为什么要这样？我该怎么办？

→ 母亲分裂的形象最终也无法统一，人本就戴着各种矛盾的面具，如果能认可她在成为母亲之前，曾也是个复杂

第 1 章　爱与憎：以爱之名的伤害

的个体的话，也许会好一些。给离开的母亲写信，可能会成为你调整思绪的一种方法，撇去"像妈妈一样"的固有思维，挣脱母性神话的束缚，才能扩大对母亲理解的维度。补充说一句安慰的话吧，人的记忆总会被歪曲，或许母亲给你带来的并不只有伤害，也一定有被爱的瞬间。

3. 没有和母亲生活过的女儿们

小时候就与母亲分开，又或者是根本没见过面，突然听到了她的死讯，这种时候女儿往往会很吃惊，已经失去了的又平添了失去，这份痛苦触动着孩子的内心，母亲是怎样的一个人呢？她爱我吗？

→ 没有和母亲生活过的女儿，大多数人会为成为更优秀的妈妈而努力。因为没有和母亲相处的经历，反而会更真诚地对待孩子，尽自己最大的可能去扮演好母亲这个角色。所以别沉溺于失去的悲伤，记得夸夸自己，你真棒！想对自己说，没被命运的旋涡所吞没，守住了本心，成为一名优秀的母亲，这样就足够了。40岁后对生活的责任，不在于从前，而在于当下的自己。那些让人遗憾的事情已成为过去，心有所想，珍惜当下，着眼未来即可。

母女的世界：爱与憎的矛盾体

对于女儿来说，母亲的死亡是一种绝对的经历，大部分女儿在心理上与母亲有着很深的联系，随着共同生活时间的增长，这种心理上的联系会越来越强。看看70多岁的老母亲与40岁、50岁的女儿之间的矛盾，就会发现这激烈程度可一点也不亚于夫妻之间的矛盾。女儿们无数的神经网络与母亲紧密相连，所以，母亲的离开对她们来说感受更为强烈。

我的外婆死于92岁高龄，姨母在葬礼上这样对我说，一个20来岁的人怎么能独自承受这样的痛苦？我现在才知道，当时的你有多痛苦，原来失去母亲是这般难过。不亲身经历一次是无法想象母亲离世会给女儿带来多大悲伤的。

所以，女儿需要充分的时间去接受去消化母亲的离开，尽情地哭泣，也没必要隐藏自己的情绪。讲讲关于母亲的记忆，慢慢整理母亲的遗物和相片，哀悼何时会结束不得而知，每个人都不一样，关系的亲疏也不一样。

心爱之人的死，会极大地扰乱一直以来所理解的世界。哀悼是一种情绪，它看着我们分别，看着关系破裂，也能让相关者重获新生。所以，我们可以通过哀悼来重新理解自

第 1 章 爱与憎：以爱之名的伤害

己，理解这个世界。

贝雷娜·卡斯特罗，《哀悼》，
第 8 页，琢磨

通过哀悼，女儿能战胜心爱之人在顷刻之间消失的撕心裂肺的悲伤，实现自我的再次成长。值得庆幸的是，所有失去的经历并不会因为降价而结束，某种意义上来讲，失去也是一种获得。比如说，20来岁的我失去了母亲，可是我也不用为80多岁的母亲的老年生活而担忧。

在养育子女的过程中，分别也是一种获得。母亲们总是说这样的话，孩子实在是太可爱了，可惜长大了。我也这样想过，因为孩子太可爱了，会舍不得他长大，心如刀割。我坐在5岁的儿子身边看他3岁时的照片，或者坐在7岁儿子的身边看他5岁时的照片。"那个时候啊，你真的是非常非常的可爱。""你看，你自己觉不觉得可爱呀？"照片存在手机相册里，看了一遍又一遍。

可是，突然有一天有了这样的想法——如果不是5岁的儿子，和我一同去超市的是个能帮我提重物的孩子，那我会如何？我会说："哟，真是棒棒的！"尽管3岁时的他消失

了，可是我拥有了一个和我畅聊时事的10来岁的孩子。从前没有意识到，失去其实并不是某种状态的完结，而是生活里的一部分。在认识到失去的两面性后，我再也没有迷失在失去的旋涡之中。

今年是母亲去世的第17个年头，至今我依然会很思念她，每当这个时候，我就会大哭一场，喝一杯咖啡，或是追一集电视剧，然后也就没有然后了，就这样活着。人是没有办法完全避免失去的，可是人拥有哀悼的能力、安慰自己的能力，还有遗忘的能力，这是多么幸运的事情啊。我还这样想，在我的人生中，曾经出现过这样一位深爱着我的人，这才是更重要的，相较失去，爱所留下的余温更多。

希望那些像我一样失去母亲的人，能从文章中获得些许安慰。

모녀의 세계

第2章

协调：让彼此独立的适当距离

当母亲是家中长女

　　孩子的作文补习班布置了阅读《梦实姐姐》[1]的作业。权正生老师的这本《梦实姐姐》，描写的是从朝鲜战争中幸存下来的姐姐坎坷崎岖的一生。《梦实姐姐》的故事发展犹如黑色童话，弯弯绕绕里无不充斥着现实的残酷，一言一语令人心如刀割，啊……就连她的发型，也让人心碎。

　　2021年，对于作为独生子女，喜欢吃比萨和炸鸡以致个个都长得胖嘟嘟的孩子们来说，阅读《梦实姐姐》会带来很

---

[1]《梦实姐姐》是韩国童话作家权正生先生的代表作，以20世纪正在经历同族相残战争的韩国为背景，描述了一个女孩在如此历史现实下的悲惨成长经历。作品于1981年首次发表在某教会青年杂志上，连载3期后因内容问题而中断。1984年以单行本的形式正式发行。——译者注

大的冲击。某一天下班回到家,孩子站在玄关,一脸严肃地跟我聊起了这本书。

"妈妈!你看过《梦实姐姐》吗?这本书适合小学生阅读吗?这什么书啊,你知道梦实姐姐有多惨吗!不像话啊,作者是精神有问题吗?(权正生老师,实在抱歉。只是形容孩子被震撼到了,请您谅解。)孩子最重要的那些人,怎么能全死了呢?而且你知道吗,她怎么有这么多妹妹啊!"

对于这些问题,孩子满脸震惊,很想知道答案。看来我们之间有了很深的代沟。仔细想一想,"梦实姐姐"其实就是孩子的奶奶,与我母亲同辈,只是那个时代的"人物"罢了。"梦实姐姐"们只是造型变了,从那个齐短发变成了刮风下雨都不会乱的卷发而已。至今,我们身边都还有这样的人。我们的母亲、大姨妈、奶奶,其实都是"梦实姐姐"。只是,在从前,她们叫作"梦实姐姐",而现在,有了个新的叫法"K-长女"[1],她们伟大的一生至今还在延续。

母亲在家里的排序,对她性格的养成有着深远的影响。尽管除了长幼,还有其他很多的因素,但正是因为对韩国的

---

[1] 网络上常用的新造词,即Korea(韩国)的首字母"K"和意为大女儿的"长女"的合成词。——参见《京乡新闻》2020年4月5日。

长女有特定的角色要求，一直努力着顺应这一要求的长女们有着几种共同点和成长倾向。"K-长女"这一新式语也不是无端喊出来的。

在这样的背景下，如果您的母亲是家中老大，更可能活得无惧风浪。试着回到她作为母亲之前，还是家中长女的那段时光，从别的角度去看，也许可以理解现在的她，就像我们分别在工作日的早晨和周末的夜晚去同一个地方那样，肯定会有完全不一样的感受。

基于个人的经历与成长环境的不同，可能会有些许不同，但通常假如家里有相差不满5岁的弟弟妹妹，基本都会有下文提到的特征。尤其在您的母亲还是老大的这种情况下，以下特征会更加明显。

1. 以父母的姿态自居

妈妈们会将弟弟妹妹交给老大照顾，比如洗碗的时候，哪怕是去趟市场这么短暂的时间里，妈妈们都会将孩子们交给老大。有时候还会说这样的话："妈妈不在的时候，你就是妈妈！"长姐听着这种根本不像话的道理，渐渐有了要帮衬妈妈的责任心。在这样的模式下，老大不得不接受"长姐如母"的宿命，梦实姐姐可不就总是背着妹妹嘛，说的就是这一成不变的发型。

这份照顾弟弟妹妹的责任会一直跟随她们，直至老去。她们成长过程中，听到最多的话就是"好好看着妹妹""要给他们做饭""要给哥哥做饭啊"。想一下，难道不应该是哥哥照顾未成年的妹妹并给妹妹做饭吃吗？更有甚者，还有未成年的孩子给自己的监护人，也就是爸爸做饭，延续所谓的连带责任。当妈妈不在的时候，长姐也就理所当然成了做饭的第一顺位。实话说，更奇怪的是她们听不到这样的话："别老考虑家里的事儿，你的人生你做主""跟你哥哥比，你才是块读书的料，就该让你去读大学""叫你哥哥做饭啊，你还小，碰烫的东西太危险了"。

2. 有责任心的指导者

还能如何呢？既然避免不了，那就乐在其中吧。老大们会在某一刻领悟、适应，并且慢慢地拥有责任心。可自己都只是半大的孩子，照看弟弟妹妹着实有点困难。简单来说，比起讲道理，专制更简单。"呀！到这里来！""不许动！""这个不能给你！""就不给你！""听我说"……母亲实时监控着弟弟妹妹的一举一动，老大作为她眼中的潜力股，首先要牢牢把握住弟弟妹妹。不管如何，只要结果是好的就行。伴随着生活里的鸡零狗碎，老大们的责任心和控制欲与日俱增。

3. 爱操心的完美主义者

尽管是老大，但也还是孩子，小小的心灵里也会积压烦恼。老小一般不会操心家里没钱、爸爸是否开心之类的事情，能自由地活在自己的世界里。"不能让爸妈更辛苦，他们对我抱有很大的期望，我不能让他们失望，所以我必须事无巨细。可是，我有点紧张。不能做错事，也好孤独。我没有什么可以依赖的。"想要做得更好，却反而更加不安，因为情绪无处安放。老大们也曾在夜深人静的时候哭过，躺着躺着，不知道为什么就突然哭了起来，害怕有人看到，赶紧拿睡衣袖子擦了擦眼泪，转过身给踢被子的妹妹掖好被角。

4. 支配性特征

接受着长女培训，老大的能力堪比满格秘书长。但韩国长女们，比起正视自己的内心和真正想要的东西，她们更擅长放下自己的欲望。长女们哪怕听到母亲说要去做盲肠手术，也是绝对不慌张的，好像早在一年前就知道今天母亲会不舒服似的，冷静地安排着各项事项。在母亲手术前，长女会给妹妹们一一打电话。

梦实姐姐：（给妹妹1打电话）"你为什么接电话这么慢，信息看到了吗？妈妈手术前一晚，我会陪她睡。所以出院的时候你来接。别哭，妈妈又没死。到时候别迟到了。你先查一下停车场的位置，跟妹夫说了吗？一会下班了记得告诉他一下，别开车的时候打电话哭，太危险了。"

梦实姐姐：（给妹妹2打电话）"你在外面？怎么这么吵。你别来医院了，陪护也只能两个人。你去市场买点菜给妈妈煮个粥。你知道妈妈不吃店里的，所以你准备下。另外，家里打扫打扫，赶紧的，别临时抱佛脚。"

妹妹1："姐！你可别勉强啊！"

梦实姐姐:"别担心。我自己的身体我知道。拒绝忠告(我这样都活了50年了)。"

姐姐似乎去了美国五角大楼,也能把事情安排得妥妥当当。

5. 擅长给出坦率又正确的意见

妹妹1:"姐!我要疯了,要不我离婚吧?"
梦实姐姐:"别!我看你是疯了。妹夫才是救世主。我可跟你生活过,你经常脑子不在线。你先去给他道歉。"

长姐不会说错话,只能自认倒霉……想要回嘴吧,又感觉还是算了吧,长姐不仅有点可怕,还是个会挑毛病的主。假设长姐有一定的社会地位和经济实力,在家中无长子的前提下,她的话在家里简直就是圣旨。爸妈都只能听她的,长姐成了家里当之无愧的王。

6. 共情母亲的角色

人同时扮演多个角色是件多么费劲的事情。可是，对于梦实姐姐来说还有更加重要的任务，那就是共情母亲。有一天，梦实姐姐生病了，整个人虚脱得只想吃颗药再好好睡一觉，然而这时候，电话响了。

母亲："唉……"

梦实姐姐："这是怎么了？跟爸爸吵架了？家里钱不见了？或者妹妹们，谁闯祸了？"

母亲："都有……"

梦实姐姐："知道了。一会我过去，你有什么想吃的吗？"

想吃颗药，好好地睡一觉，原来这么难。长女们哪怕是结婚了，也很难摆脱原生家庭的束缚。因为作为长女，她们并没有办法做到松开母亲、父亲和妹妹们的手。

如果你的母亲是典型的长女，那么这6个特征会相当明显。作为梦实姐姐这样的母亲，有时你会因为她对你的过度

第 2 章 协调：让彼此独立的适当距离

约束而郁闷，有时也会因为她一根筋、认死理而烦躁。可是她们为什么不去享受自己的人生，非要牵着妹妹们的手呢？为什么有好事的时候，爷爷奶奶不会想到母亲，总在不好的时候找上门来？或许她们也会因此难过吧。自懂事开始，我越来越觉得母亲活得费劲，当然其中也有她自己的原因，更多的是时代给她留下的印记。尽管作为长子也有应尽的义务与责任，但与长女不同，长子会得到相应的补偿，长女的付出一般得不到任何财物方面的补偿。

无论如何，曾是家中长女的母亲，在这样的关系旋涡中，可能从没有过找寻真正自我的经历。K-长女就是"梦实姐姐"的衍生，假如她没有成为长女，那么可能将拥有完全不一样的人生。这就是我们该给予她们最大关怀的理由。梦实姐姐的发型根本不是她想要的，只是她在生存与责任之间，做出的所谓恰当、但只是无可奈何的选择罢了。

长子长女婚姻里的那些事儿

　　这世上还有比夫妻关系更复杂的关系吗？尽管彼此比世界上任何人都要深爱对方，但对方也是这个世界上最能气死自己的那一个。夫妻关系是怎样的？你穿着睡衣，3天都没洗漱，蓬头垢面地坐在对方面前也不在意。"今天还是你错了！就是我说的才对！"夫妻关系就是这种又搞笑又固执的混乱关系，像在迷雾中寻找爱？世间最难经营的莫过于这夫妻关系了。

　　影响夫妻关系的要素有很多，例如双方在身体状况、经济状况、性格上的差异，婆家、丈人家的状况，这些都会影响夫妻关系。在这些要素中，影响最深的便是夫妻俩各自在兄弟姐妹里的排行，这个顺位在夫妻双方的沟通和交流方面

第2章 协调：让彼此独立的适当距离

发挥着巨大的作用，同时还会影响到子女关系，本书将详细剖析这一问题。

不同的教育环境下情况可能会有所区别，所以这类问题很难说存在普遍性。但是在韩国文化中，相当一部分的夫妇会因为各自家中排序问题而经历类似的困境。出生顺序究竟是否会影响人的性格形成，学术界众说纷纭，有的专家学者认可这一说法，也有的专家学者不以为意。我认为，还是有影响的。更准确地来说，对生在韩国、长在韩国的人来说，会带来极大的影响，因为韩国始终尊崇"角色至上"，例如长子、父亲、母亲、社长、新员工，每个角色都有自己的定位，这样固有的思维方式，影响着父母的态度和形象，从而影响着个人的成长。虽然比起出生顺序，一个人的成长环境更为重要，但是在韩国，父母本身是无法摆脱出生顺序带来的角色定义的，在这样的大环境下，孩子自然也没有办法顺从本心。希望下一代们，在这样的框架里能比我们活得更自由、更随意。不过，从这本书的读者年龄层来看，出生顺序还是对他们在处理人际关系、认识自我等方面有着巨大影响的。从这一点来看，着眼出生顺序对处理人际关系的影响是有意义的。因此，本章对作为家中长女的母亲如何处理问题、如何与人打交道方面进行了研究。

倘若与长女结婚的也是家中长子,换句话说,您的父亲母亲都是家中老大,那么婚后发生冲突的频率会更高。在我们父亲的那个年代,韩国的长子们是不可能脱离原生家庭的。与其说是结婚,倒不如说是将一个女子带进自己的家族来得更贴切。作为家中长子的父亲,和母亲的情感交流还尚显青涩,就已经需要肩负起赡养老人、光耀门楣的责任。

有着如此特性的长子与长女,婚姻生活中发生矛盾的概率会非常高,因为两人都有着极强的权威性和掌控欲。这样的夫妻一睁眼、一张嘴,家里的紧张感就会蹭蹭上涨。无论身在何处,两人都需要争夺控制权——花钱的问题,子女教育问题,快递箱子放哪里的问题,"早上金苹果"这句话是否适用肠胃差的人,3分钟后要左转还是右转,吃牛肉还是猪肉,烤着吃还是煮着吃,甚至沙发应该在哪个位置,诸如此类的问题,可以说是巅峰对决了。自然而然地,父母之间充满了紧张感,他们的孩子因此会经常接收到两种信号。

孩子:"妈妈,我疼。好像发热了,去不了学校了。"
妈妈:"是吗?怎么回事,走,我们去医院!"

第 2 章 协调：让彼此独立的适当距离

爸爸："军人死在战场上，学生死也应该死在学校里。"

孩子："啊？"

妈妈："哪里有战争了？像话吗？快穿衣服，去医院。"

爸爸："我说了让你去学校！"

到底该去学校还是医院，他们任何一方都不会轻易被说服，通常情况下也不会互相理解，更不可能妥协，所以紧张是孩子的事情。如果在生活中，你总是因为接收到两种信号而感到压力山大，多半就是这个原因。而且这还不是结束，如果你的母亲只有妹妹，父亲只有弟弟，那么这样的情况会更明显，都能称为战争了，这种结合是最差劲的。

弟弟们眼里首领般存在的父亲总是保持着极高的威严，作为负责任的完美主义者，却不太擅长处理亲密关系。

"老婆，我爱你！"这辈子父亲有说过这么肉麻的话吗？喝多了会说吗？有人在我家听到过吗？小可爱，有听到过吗？父亲就这点能耐了。作为弟弟们的大哥，他是宝座上的国王，也像是没脱去铠甲坐着就睡着了的将军，很容易让

母女的世界：爱与憎的矛盾体

关系变得紧张，他制订了所有的规则，但不太会平衡与异性群体的关系，哪怕是姨母在家里开的玩笑，他也没法坦然应对。

长女和长子集权威与控制于一身，他俩的爱情不仅让彼此的一生辛苦，连带周围的人也会深感疲惫。因为他俩都没有能够理解对方的特质，争吵的时候都会说"我跟你不合适！"，对彼此性别的定义极端又单一，深陷"男人就是这样的""女人都一样"的认知误区。《家庭治疗评估诊断书》中把他们描述成："终其一生只为占领一座城池的两位君主"。

（长子）和只有妹妹的长女结婚是最糟糕的事情，因为他们可能曾经历过出生顺位和性别上的矛盾。他俩就像是争夺一座城池的两位君主。

罗纳德·理查森，《家庭治疗评估诊断书》，
第137页，西格玛出版社

一山二虎，这得多可怕。有人是这样描写自己弟弟的婚姻生活的，他们就是长长（长子与长女）夫妻。

第 2 章 协调：让彼此独立的适当距离

他们疯狂地、热烈地、富有战略性地和对方斗智斗勇，有时会为确保搜集到对方犯错的证据而潜伏着，有时则会打阵地战，攻占客厅和卧室，有意地限制对方的活动范围。

我们周围有很多家庭，饱受着典型的长长夫妻带来的折磨。令人惋惜的是，有不少长女表示，在选择配偶的时候往往看不上没什么用的小儿子，更倾向于更像男人的长子，结果却跳入了火坑，要是能看上那些在姐姐们的细心教育下长大起来的可爱老小就好了。

因此，要想更好地维系长长夫妻之间的关系，那就需要心理上的互相理解，换句话说就是"听之任之"，这个办法能让夫妻俩在守住各自领域的同时还能和平相处，和解是不存在的，这太过理想，毕竟人不会轻易做出改变，所以改变某一些状况和行为会显得更行之有效。我建议追求和平共处的长长夫妻，可以尝试以下几点：

1. 彼此认可，互不干涉

比起指责彼此性格不合，倒不如尝试着认可对方。打个比方，你可以这样想："长子（长女）的这段经历让你有了这样的性格,你很辛苦吧,也一定很累吧,肩上的担子很重吧。"以此认可对方在生活中的付出与努力。既然都这么辛苦了,那么现在就让他们随心所欲吧,干脆"放任不管",让自己也舒舒服服地休息一下吧。别去管他是不是在凌晨4点扫地,也别管他早餐是不是只喝了杯咖啡,一年扫10次墓也随他去吧,反正别管了。"早上金苹果"这句话是没错,可既然讨厌,你就别强迫他了。长长夫妻们请记住,虽然试着"不去干涉"很难,但这能让你们的生活更加和睦。

2. 放下对改变的期待

换句话说,就是果断放弃"对方会改变"的念头,就像你也很难改变自己的某些习惯一样,对方亦如此。毕竟满足你的要求,就像突然让你开始晨练般困难。所以,从心理上停止扼住对方喉咙的想法,从某种程度来说就是减少唠叨。哪怕是为对方着想,但如果一直只是单方面输出,听多了对方也是会烦躁的。这里有一个小窍门教给各位,把同样的话稍微调整一下语序,唠叨就能变成关心。

第 2 章 协调：让彼此独立的适当距离

案例1：行动指示+感情

唠叨者："围巾围上再出门。"

听者："没事，我不想戴。"

唠叨者："跟你说了冷，你想感冒吗？也太随心所欲了吧，这个家啊，也就我在操心。"

听者："啊……说了我不戴！"（关门声）

让对方一定要戴上围巾出门，是因为天冷担心对方会感冒才说的，可是因为语序的问题，只向对方传达了指挥他做这做那的命令，却没有把你的关心传达给他。在这里，稍微改变一下语序，试试先表达担心之意再提出要求，看看唠叨会不会变成暖心提醒？

案例2：感情+行动指示

出于关心的人："嗯……不会感冒吗？蛮冷的，要不你还是戴上围巾再出去吧。"

听者："没事儿。"或者"知道了。"

听了这些话的他，可能会戴上围巾，也可能不会，只不过无论他做出哪种选择，都不是出于你的唠叨。用这样的方式首先表达你的情感，对方就会感受到你完全不一样的态度。

3. 不干涉对方做自己喜欢的事

考验一下夫妻感情，请在以下两个选择里选出更容易做到的一个：

- 避免有让对方讨厌的言行。
- 不干涉对方做自己喜欢的事情。

哪个更容易做到呢？或许答案会是第二个。以长长夫妻为例，若想要减少矛盾发生的频率，只要对方喜欢的不违法，那就随他去吧，毕竟这有利于夫妻关系的正向发展。打个比方，尽管看不惯他在家中独饮的样子，可还是默默地递给对方一盘你做的下酒菜；她嘴上嚷嚷着家里已经财政赤字了，可仍然不停地电视购物，虽然你讨厌她这样，但依然奉上了你的钱包和手机；到了对方喜欢的体育新闻或是追剧时

第 2 章 协调：让彼此独立的适当距离

间，你安静地把遥控器递给他。让对方做自己喜欢的事情，能有效地缓和夫妻间的紧张关系，为营造平和的家庭氛围提供长期助力。

有对长长夫妻这样说——分房住吧，能和平共处，也能更健康。在典型的韩国社会里长大的长长夫妻，他们的相爱是很辛苦的。会正面交锋的往往不是个好对手，最大限度地避免正面冲突，才是迅速结束战争的要领。

被强制般的女儿牺牲

前面我们提到了母亲这一代K-长女们的特点,那么她们女儿这一辈的韩国长女们会有怎样的特质呢?会跟母亲那一代一样吗?还是不一样了呢?我曾公开过一堂关于长长夫妻(长子-长女)的讲座视频,这段20分钟的视频下面留言超过了1900条,我有点不相信我的眼睛,留言一条一条地看过去。因为留言是个宣泄的途径,所以一般情况下我是选择不看的,那天也不知道哪里来的勇气,竟花了两个多小时,把这1900条留言全看了。与其说留言是单纯的读后感,倒不如说这些随笔是她们作为长女的悲与欢。有些留言里还有不少鼓励和安慰的跟帖,在那天看到的留言中,我摘录了令我印象深刻的几条。

第 2 章　协调：让彼此独立的适当距离

"我有个比我大3岁的哥哥，我得自力更生，像贞德那样生活，可是哥哥却能像温室里的花朵那样被呵护长大。（省略）"——微妙（网名）

"下辈子我想是老幺。"——瑜伽（网名）

"有个大一岁的哥哥最惨了，嫉妒心强，身体还不怎么样，有种照顾敌军的既视感。"——朴**

"弟弟才合母亲心意，对我是彻头彻尾的不满意，好丧，真的好辛苦。"——孩子**

"长女才是废物父母的家长，长子则是废物家庭的长工，这是我们夫妻的故事。"——金**

虽然没有母亲那辈这么艰辛，可这一代依然有着长女的心酸。有的父母可能是有这方面的意识，并且把子女教育得非常好，可是普遍的情况下，母亲这代长女经历的苦楚会原封不动地转嫁给女儿们，现代版K-长女们依然感受着这份苦难。

"我也不知道为什么我要帮弟弟填学校的资料，也不明白为什么我还应该给他洗宿舍的被子。"

母女的世界：爱与憎的矛盾体

"我好像生来就是弟弟们的保姆，一直忍着，实在太累了。跟妈妈说了对弟弟们的不满，结果被她说是我自私。我觉得好委屈好荒唐。"

"我是个长女，又像个长子。但凡家里有点什么事儿，我就要冲在前面，要解决问题，还要赚钱……太累了。"

"有一天母亲很理直气壮地来了句'要是做大手术啊，一定得是你在的时候'，老是这样，对她来说，我只是个工具。"

"好神奇，弟弟居然能跟妈妈处得这么好，妈妈也从没有把他当过情绪垃圾桶，自然是好的了。"

"不管我在哪儿，都得保持长女的范儿，不能撒娇，得照顾别人，还不能让别人帮我一下，总是自己解决问题，事实上如果有人帮忙的话，还会觉得有点尴尬。"

"小的时候，有一天我鼓起勇气问爸爸，'爸爸，你大我30岁，我还是个孩子，为什么是我给你做饭，这对吗？'"

"母亲是家中老小，无法理解我作为长女的苦衷。朋友们都会跟长女妈妈吵架，我还不如那样呢，我妈太弱了，总是依赖我，我都不能依赖她。"

第2章 协调：让彼此独立的适当距离

"6岁以后，我就不再是个孩子了。有一天，弟弟出生了，突然我就得一个人睡在别的房间了，当时很害怕。记得有一次，弟弟把书桌上的书全推到地上撕掉，而我则要一边哭一边收拾。"

虽然时代已经改变，可现实生活中依然有许多K-长女，所以究竟是哪些情况在反复地出现呢？

第一，长女们被赋予积极参与家庭某些问题的责任。她们不会轻易将母亲患有癌症的事情告诉小弟，相比之下，她们会倾向于寻找该领域的权威人士，尽快安排母亲的手术和制定抗癌治疗方案。长女们在葬礼上也很少哭，她们要安排墓地、寿衣，准备迎接吊唁的客人，在所有事情结束之前她们绝对不能放肆哭泣。在家庭关系中，对这种责任的"all in"（全身心付出）是不幸的，夫妻关系不和睦的时候，尤其是青壮年的子女会承担更多的家庭角色。做父亲的有父亲的担当，母亲也能尽到自己的责任，夫妻双方像个成年人一样扮演好自己的角色，承担起应有的责任，唯有这样的时候，长子、长女们才能放下不必要的生活负担。

第二，充当母亲情绪的守护者，或是起着"代为受辱""代理配偶"的作用。母亲们有的时候会不分青红皂白地对女儿输出自己的情绪,希望被允许,希望被理解。在弟弟和母亲的相处过程中,女儿们会因此感到被疏远。尽管母亲会说"都是我的孩子",可是在弟弟面前她却是另一个妈妈。母亲对长女说的话,犹如没有加工过的生食,可是她对弟弟不会这样。未曾给予过长女的善意,弟弟却能得到。

有一天,后辈跟我诉苦道,正式进入更年期的母亲一到凌晨就会来自己的房间躺下,她的房间是家里最小的,一个人躺着都费劲,可母亲要和她一起睡。问她为什么,她说最近晚上总是睡不着翻来覆去的,又担心会吵醒父亲,睡在我的房间能让她放轻松。后辈说,怎么不去弟弟的房间,要来我这挤呢?没想到她的母亲回答说:"你弟弟要上班的,睡不好怎么办?"听了这句话,后辈爆发了,她对母亲说:"妈妈,我也在上班啊。我是无业游民吗?难道晚上吵醒我没关系吗?弟弟不行,我就可以了?"尽管弟弟和K-长女都是她的孩子,可是在母亲眼里还是不一样的。

如果母亲也是K-长女的话,那这对母女会引发另一种矛盾。长长夫妻的矛盾原因也同样适用于K-长女的母女关系,也就是前面提到的对控制权的争夺。女儿喜欢最新上市的无叶风扇，可母亲更倾向传统的电风扇，她们很难达成共识，买回来退掉，退了再买，K-长女的生活因为母亲也变得艰辛。

自古以来，反抗才能获得自由。如果你觉得因为长女这个身份，让你负担沉重，被剥夺了幸福，希望你考虑以下建议，唯有不断挣脱束缚，才能成为自由的女儿、母亲，你的生活方式、育儿方式也会随之变化，家庭氛围会变得平和，同时你的女儿也能成为自由的人。

1. 摒弃非我不可的想法

很多事情真的只能交给长女来解决吗？那些你曾经认为非你不可的事，尝试着想想有没有别的办法。退一步说："不回去也没什么，我也不知道怎么办。"转身去吃个好吃的冰激凌吧，这个时候远离那些责备你的人比较好。

2. 要更加信任家人，把事情交给他们

家里其他人完全能处理这些事，我是不是把事情想得太

理所当然了？把一些事情交给他们去处理吧，都是成年人了，他们比你想象中还要能干，会找到解决办法，换句话说，要经常给弟弟妹妹们历练的机会。不过你需要举行宣布仪式，是什么让你有了这个想法，其间你又经历了怎样的困难，以及对未来的决心，你都应该告诉大家。

3. 不要害怕拒绝

长女们很难拒绝家里的大小事情，在同样的情况下，老幺有时却能做到将手机关机飞去纽约。所以不要害怕拒绝，把自己的想法放在首位，拒绝不当的要求和家人自私的请求，这并不说明你就是坏人，别有负罪感，要说"嗯！姐姐我变了！"

4. 摆脱虚假的罪恶感

或许在把事情交给家里的其他人，拒绝处理家中事务，改变非我不可的想法的过程中，会有发自内心的不安，会出现逐渐不适的犯瘾症状。如果大象从小就被养在铁笼里，那

第 2 章 协调：让彼此独立的适当距离

么成年大象即使孔武有力，会有冲出笼子的可能性吗？被驯服和被养成固定的思维模式就是这样悲惨的事情。它明明可以在草原上奔跑，现在却只能活在铁笼里。在克服不安与不适、挣脱虚假的过程中，铁笼会逐渐被冲破。

希望各位能挣脱K-长女的束缚，为自己而活，同时请不要给我们的女儿套上K-长女的枷锁，为了让女儿能够成为自己，未来的日子里，请一定不要对她说这些话。

"我不在的时候，你就是妈妈。"

"除了你，妈妈还能对谁说。"

"我女儿跟我像朋友一样。"

"我不在的时候，你要做饭。"

"你应该是弟弟们的榜样。他们是会有样学样的。"

"为什么不看好弟弟，他为什么会哭？"

"妈妈只相信你。"

愿自由的旗帜能够飘扬在你饱经风霜的天空里。

095

女儿逃不出和母亲相似的命运吗

15岁那年，还在读初二的我恋爱了，不过很快就分开了。在那样短的时间里，母亲吓得瑟瑟发抖，对我恋爱这个事，她害怕极了。

现在想来，对她来说这可能算是狂风暴雨了吧，看着她的表情和眼神里的不安，我感到非常愧疚。可即使如此，我也没有屈服，反而选择勇敢去爱，最终还是败给了这深深的负罪感。21岁的时候，我决定再也不恋爱了，因为我太累了。恋爱很累，母亲的不安让我更疲惫。表面上，我说是为了实现自我才选择短时间内不再恋爱，可实际上是我对母亲的不安感到厌倦，再也不想看到她紧绷的样子。（尽管我已经决定不再恋爱，可还是无法阻止爱情在某一瞬间来临。）

第 2 章 协调：让彼此独立的适当距离

她没有办法用平常心对待和我恋爱的男生，如果她能像别人的母亲那样，很自然地看待女儿恋爱这件事就好了。可她总是会打乱节奏，做出一些不合逻辑的举动。举些例子，在第一次见我男朋友的时候，她会突然像对待女婿一样点一大堆的中式料理，分量多到吃不下；又或者会戴着墨镜突然出现在我约会的地方，躲在角落里远远地看着我们。

要是有人给我介绍了个不错的相亲对象，她就会说："你总是想要离开我。"高中的时候，任何的社团活动，我都不可以都和男生混在一起，大一也必须在晚上10点以前回家。原因只有一个，就是我不能随随便便谈恋爱，可她又会说自己有个朋友的儿子很乖，让我去见见。

也许因为她有过一些奇怪经历，所以恋爱对她来说是一个必须确保女儿安全的游戏，在任何情况下她都不愿拿我当赌注，只想让我安全地待着，一个人生活……所以我怎么能安心地谈恋爱呢。因为没有和父亲生活过，所以我不太明白男人这种存在。可让母亲评价的话，通常是一边倒，就是男人不好。

成年男女在恋爱中建立积极关系的时候遇阻，若他们无法找到分手的原因，那么往往会归结于"对方本来就是个渣男（渣女），是我没有福气找到个好男人（女人）。"一旦陷入这种认知，便不会将分手当成个例，觉得"他本来就是这种人，所以我才会被甩"，下决心不再轻易相信。

这种心理现象被称为"外群体同质性效应"，指的是在过度夸大自己所在群体的同质性的同时，相应地会对外群体的能力和多样性做出过低的评价。比方说，在看关于婚外情故事的电视剧时，会说：

"看吧，看吧，没有不出轨的男人，男人就是这样，都会拜倒在漂亮又年轻的女人石榴裙下，只有女人才可怜。"

"女人太累了，随便吧，爱怎么样就怎么样。"

如果你仔细观察，可能会发现这只是你自己或某对夫妇的问题，伤害无法被完全治愈的情况下，会急于用这种简单粗暴的方式将问题一般化。被男人伤害过的母亲们的男性观如果扭曲，她们在女儿挑选男人时就会戴上有色眼镜。这种教导对女儿来说像是神圣不可侵犯的圣经。

我的母亲也这样，用一句话来形容，那就是看她对平时不怎么见面的父亲的态度就可以了。当提起父亲时，她总是表现得消极又尖锐。如果母亲和奶奶嘴里那些骂父亲的话可以被折算成寿命，那我大概率能长生不老。

第 2 章 协调：让彼此独立的适当距离

母亲嘴里的男人，对我来说就像是从未到过的地方，一个未知的国度，是某个不知名的部落里世代相传了1000年的"矛与盾"，我分不清是攻击我还是守护我的存在。

通过母亲的故事来想象男性的样子。结果就是，当我意识到其实这个世界上很多男人都不是这样子的时候，已经走了不少的弯路。我花了很长的时间发现男人可以是矛，也可以是盾，矛与盾是男女间互相给予的存在。

如果母亲能带给我些积极有用的信息就好了，可她却给我了一张蹩脚的地图，对我说："顺着这个路线走下去，你会幸福的。"然后，在很长的时间里，我一直迷茫着。

母亲扭曲的男性观给女儿的影响

或许有很多女儿有过类似的遭遇，从母亲那儿复制粘贴了对男性的看法。还是自动保存，就是在你都不知道是否被保存的情况下，保存成功了。母亲把女儿当成自己，总是担心她也会在自己曾经摔倒过的地方跌倒。极少数非常缺乏安全感的母亲，还会对女儿说这种类似诅咒一般的话："我们不一样吗？我们一模一样！"

母女的世界：爱与憎的矛盾体

　　正因为如此，女儿们比想象中更难自主选择男朋友，尤其是经济上依附着母亲，或者对家庭有着强烈的责任感的女儿们更是如此。不能是我喜欢的男人，也不能是我需要的男人，我必须选母亲喜欢的，不会让她失望的男人，女儿们总是下意识地被这种强迫带着跑偏。
　　女儿应该更客观地去看待母亲的男性观。只要她和另一半的关系不佳，那么很有可能她的男性观也会有些许扭曲，如果想要了解母亲对男性的看法，不妨从以下几个方面来分析。

了解母亲男性观的问题清单
1. 你觉得另一半是怎样的人？
2. 他的缺点是独有的，还是男性普遍存在的？
3. 能说说感情经历里受过的伤吗？
4. 那些伤口是怎样治愈的？
5. 男生是_____（造句测试）。
6. 希望女儿找个什么样的男人？理由是？
7. 在互相伤害的关系中，母亲在哪些方面做得不对？

当听完母亲的回答后，不仅能明白她的男性观点，同时

第 2 章 协调：让彼此独立的适当距离

也会发现不经意间从她那儿获得的信息。可是女儿们得有自己的想法，唯有从她的思想禁锢中解放出来，才能真正拥有自己的观点。

男性观扭曲的母亲，看女婿的眼光会很复杂，她无法承认女婿是女儿心灵上的伴侣，有时会觉得女婿是女儿痛苦的来源，有时还会觉得他是拯救女儿的救世主，而这倾注在女婿身上的目光又会制造出新的麻烦。陷入误区的她们，行为会两极分化。她会觉得女婿是个树懒，哪怕女婿只是在沙发上躺得稍微随意一些，就觉得女儿受苦了，把女婿视为讨厌的存在、鄙视的对象。相反，她又会把藏在冰箱深处的鲷鱼（什么？我家竟然有鲷鱼？）只放在女婿的饭勺上，视他为女儿的贵人，觉得他理应受到奖励。在全面地掌握了母亲的男性观后，你选择男友的出发点和视角将会更加准确。

当我们成为母亲后，面对孩子第一次谈恋爱时，或是暗恋某个人时，请一定要发自内心地去尊重她，认可她。站在孩子的立场来说，被发现了自己在谈恋爱的那个瞬间是会困惑和紧张的，本身就是平生第一次，母亲还投来担心的目光，那么她一定会感受到母亲对这段关系的不信任。当然从父母的角度出发，自然是担心孩子的。但是请父母们千万要

101

母女的世界：爱与憎的矛盾体

记住，当孩子们发现自己的所有想法都能为父母所接受和认可时，他们就绝对不会做出任何危险或者逃离的行为。孩子通过父母对自己第一次恋爱（感情）作出的反应，对自己的感情更为坚定，在这样的背景下，孩子才能成为有爱的大人。对于恋爱是否继续，我们是需要跟孩子聊聊的，但首先必须认可这段关系，不要做出否认孩子的情感，让她对自己感受到的爱觉得羞耻或是负罪的言行。孩子恋爱了的消息或许会让你慌张，但下面这句话，能让你成功渡过第一关。

"哇！恋爱了呢，长大啦！"

母亲所掌握的知识或是技能里不包括如何处理男女之间的关系。出生在对待夫妻问题只会抽刀断水的时代，好像各自战斗那般维持着艰难的爱情。也许是身边没有人能引导她去纠正错误的认知。或许出于这个原因，不久前听60多岁的姨妈说起，她正和朋友们分享我的视频课程。在这个视频分享群里出现了这样的评论：

"我们应该在结婚前看这个……"

第 2 章 协调：让彼此独立的适当距离

"是啊，这种应该有人教我们才对。"

45年前，她们还来不及学习，只能孤身去爱，可现在不同了。我们的女儿们可以看YouTube上的视频，听讲座，读书，和朋友聊天，还能浏览各种各样的信息和案例。寻找自己的爱情，我们的女儿会更聪明。所以在适当的时候，你只要笑着放手就行。

女儿并不是母亲的分身

这种观点可能有点扭曲,当人们说"母亲应该有个女儿"的时候,我感觉像是在说,母亲应该有个"能让她轻松的既善良又可以依靠的对象"。人们一般会把拥有女性必备的"善良、温顺"特质的对象称作"女儿"。女儿与生俱来的作用是丈夫、儿子和朋友都无法给予的,因此女性被鼓励生个女儿。一个女性朋友在反复怀孕和分娩后,只生了3个儿子,尽管她也没怀过女孩,可不知为何大家都还是会对她表达遗憾。

"最后那胎是个女儿就太棒了。"

第 2 章 协调：让彼此独立的适当距离

然后态度又来个一百八十度大转变。

"以后儿子们大了，那可太好了……三根顶梁柱啊。"

女儿不是母亲的双胞胎姐妹，却好像只是出生时间不同，不是分身又似分身，像某种化身。母亲会把自己未实现的梦想转嫁给女儿，把女儿打扮成自己喜欢的样子，让女儿去做自己无法做的事情。例如：

"你爸爸好像不太高兴，他进门的时候打招呼记得要笑哦，可以吗？"

女儿如母亲的分身般长大，下面将分享三个女儿的故事，她们都曾怀疑过自己到底是不是母亲的分身。

静敏说，经常觉得自己是母亲分身，那种瞬间多到数不清，被母亲推到人前也是常有的事儿，家里氛围不好的时候，母亲会让她充当气氛组，比如"和奶奶说说话""给爷爷拿个水果""问问姑姑吃饭了吗"，以及观察父亲脸色和心情，亲戚聚会时要温柔地、小心翼翼地招待长辈们，长辈说话要恭敬，要把姨奶奶她们请进来等等。静敏必须代替母亲充当好亲善大使的角色，可问题在于从没有考虑过她的心情。不管自己的想法如何，静敏都要配合母亲的要求，扮演好代理人的角色，只要她露出一点点不愿意的表情，母亲就会嘲讽她说"我的女儿太可怕了，我连话都不敢说了"。静敏听了九次话，唯有一次提出自己的意见，就会被当作忤逆母亲的"坏女孩"。

美爱的母亲是个心思缜密、循规蹈矩的人。她觉得原则很重要，喜欢所有的事情都按部就班。毛巾要按照她的使用顺序，拌冷面时一定要放适量的芥末。美爱讨厌吃芥末，可母亲认为连芥末是什么味都不知道的话，只会变成这世上最卑微的食客，就没有资格吃冷面。吃鳗鱼的时候一定要就着生姜，煮部队火锅的时候一定要按照她的顺序来——放葱是最后一步，如果美爱不小心在第四步的时候放了葱，那么部队火锅就变成了"葱汤"……

惠妍想上法学院，可惠妍的母亲却说："女人怎么能去

第 2 章 协调：让彼此独立的适当距离

读法学院呢，想过杀气腾腾的生活吗？"母亲没办法支持她参加司法考试，反而劝她去读师范。事实上，读师范是惠妍母亲未完成的梦想，结果惠妍的高考志愿表没有一项是按照惠妍的意愿填写的，填报的全是她想读的学校，好像母亲才是高考生似的。回忆起当时的情形，惠妍说：

"那时候真累啊。当时我觉得这不是母亲的错，人生本就支离破碎。可随着时间的推移，我才幡然醒悟，正是因为母亲做错了，才让我活得如此辛苦。其实这也不仅仅是母亲单方面的问题，从某种程度上讲，母亲含辛茹苦将我养大成人，我也想补偿她。我应该要扮演乖巧的女儿之类的角色吧。可在经济独立后，我不这样认为了，因为独立了？还是说我可以跟母亲平等对话了？反正就是有一天，我拜托母亲从现在开始不要随便对我指手画脚，不要再来干涉我，我要随心所欲。有意思的是，也不知道是不是感受到了我再也不会做她分身的想法，她竟很爽快地认可了我说的话。就这样过了一段时间，我决定去非洲做义工，母亲吓得不轻，那时她和我做了笔交易，只要我放弃去非洲的念头，她就同意我去读法学院，然而我拒绝了。我再也不是她的分身了。"

母女的世界：爱与憎的矛盾体

这三个故事都不是极端的案例。相当多的母亲都是这样对待女儿的。有趣的是，当我问女儿们："有没有这样的瞬间，母亲让你觉得自己就是她的分身？""啊？分身？这是什么意思？"比起提问，她们更倾向于同意这句话，然后像自动贩卖机一样，倾诉着那些瞬间。从她们所描述的瞬间来看，从外貌到性格，分身所包含的领域相当广泛。

母亲很内向，女儿却很外向——"你怎么会这么慌乱，像谁？"，若母亲风风火火，女儿反而内向——"你为什么这么不自信？把肩膀打开。"母亲很勤快，可女儿不紧不慢——"你怎么这么慢？这么懒你以后怎么活？"母亲性格很淡然，但女儿却很勤快——"喂，放松点吧。就算你磨磨蹭蹭，日子也还是在过的。干吗这么拼命呢。"人的选择和性格不尽相同，只有母亲的标准才是法则，她们时时刻刻审视着女儿。

不仅如此，还有的母亲，喜欢按照自己的风格打扮女儿，并控制着女儿的外貌。回想一下从前母亲给你扎辫子的时候，有没有过连带眼睛都被一起扯上去的情况。我朋友曾发生过这样的事情，因为头发被扎得紧到三天都不会松开，以至于小学时期拍的所有照片都是眯眯眼，实在是太好笑

第 2 章　协调：让彼此独立的适当距离

了。热衷于干涉女儿打扮的母亲一般都无法忍受女儿自己挑选的衣服。"买点像样的衣服吧""这个现在适合你吗？你像我，小腿粗，干吗总穿裙子，穿裤子吧。"

甚至，有位母亲妈妈说规定女儿微笑时只能露出6颗牙，每每在女儿忘记了这茬开怀大笑时，就会掐着她的脸提醒她微笑的露齿标准："6个，6个！"

我的母亲也差不多，喜欢给我扎两条辫子，但如果我披着头发，她就会说"前面看还可以吧？从旁边看的话，你的头发很搞笑，要不还是扎起来"这让我有股干脆把头发剪掉的冲动。

妈妈们轻易地把女儿们变成自己的分身，而女儿们在很长一段时间里是不知道自己是妈妈的分身这件事的，而这分身侵蚀了她们自身的存在，女儿们通常到了30多岁、有了一定的经济基础才开始反抗。当然，随着育儿期的到来，一场大混乱将会发生。母亲无法认识到自己对他人的掌控欲，或者说意识到了却无法控制，所以她把女儿变成了自己的分身。

我认为在韩国社会，母亲们之所以对女儿有着极大的掌控欲，是因为她们内心没有安全感，她们焦虑，认为"我的

109

母女的世界：爱与憎的矛盾体

女儿应该被爱，享受安定的生活……"因此，当发现女儿有了逃离默默承受的传统女性形象的征兆时，她们就会想用控制的手段来缓解内心的焦躁。当母亲对女儿的不安情绪无意识地高涨时，她从心理上会抗拒女儿成为独立的个体。

当焦虑程度高时，人们在家庭中的情绪反应会变得更不稳定。当焦虑的程度降低时，自律性会增强。某些家庭表现出慢性焦虑，与个别相比，这种家庭的成员更关心家庭的一致性。

丹尼尔·费罗，《伯恩家庭治疗简论》，
第91页，西格玛出版社

根据这一理论，在这个不安的世界里，没有比从未独立的女儿以母亲分身的姿态紧紧依附在旁更能给她带来安全感的事了。正因为如此，越是焦虑的母亲，越会视女儿为分身，将女儿牢牢地绑在身边。

韩国社会里，母亲这一代的女性结婚生子后，除了母亲、妻子、儿媳的角色之外，就没有其他可以实现自我成长的空间了。因此，她们才会下意识地自我扩张至心理上最亲

第 2 章 协调：让彼此独立的适当距离

密的女儿身上。妈妈们会把自己的梦想转嫁给女儿，也会强调她们喜欢的外貌是什么样的。一般来说，妈妈们往往不太清楚自己与女儿的亲密程度，因此很难发觉彼此是有着不同人格的个体，以及女儿的成长需要心理上的独立。所以，在母亲觉醒之前，很多女儿仍然会变成母亲的分身。不幸的是，这样的女儿很难拥有较强的自尊心，更无法充满活力地度过余生。

要想把子女培养成自尊心强的孩子，父母们最基本的态度就是不忽视子女的人格，不一味地强调父母的立场，不以自己的意志或感情做引导，不过分干涉子女的生活，而是站在子女的立场上，不让她们受委屈。

金英爱，《萨蒂尔冰山沟通》，

第90-91页，金英爱家庭治疗研究所

母亲分身化会让女儿的人生之路变得不幸，这甚至会变成需要我们警惕的、会恶化母女关系的行为。

也许部分生女儿的读者会想，我有没有把女儿教导成自己的分身，回顾的过程或许会让你毛骨悚然。正如我们的母亲那样，犯错是因为太爱女儿了。其实只要端正错误，不把它继续传承下去就可以了。

那么，让我们想想，该如何实现"不做母亲的分身，不把女儿变成我的分身"这个想法？

不做妈妈的分身，不让分身传承

1．如果我是母亲的分身，那就接受这个现实吧。（这……我曾经是。）

2．现在开始拒绝做母亲的分身。（妈妈，放芥末的冷面还是你自己吃吧。）

3．当你觉得应该教些什么东西给女儿的时候，应当区分开"喜好"和"是非"，"性格"和"安全"。

- "夏天的话，就应该吃西瓜。"→喜好
- "你为什么买那件衣服？"→品味
- "霸凌是不好的行为。"→对与错
- "你，怎么这么能睡？"→性格气质（睡眠时间因人而异）
- "过红绿灯的时候不要着急。"→安全

第 2 章 协调：让彼此独立的适当距离

是非和安全是一定要教的，喜好和性格气质则应该被尊重。但有时你又必须在品位和性格方面提出建议。例如，孩子性格本就慢悠悠的，当他因为过于没有时间观念而爽约时，你可以这样说。

"嗯……不慌不忙是好事，可这次因为迟到没能遵守约定。对你来说，这不仅是信任和责任感的问题，还会伤害到别人，你必须要改正。"

记住，这个时候，你的话应该是忠告和建议，不能变成指责。

有时我会想，世界上只有一个我，感觉很神奇。地球上有那么多人，长相和性格怎么会都不一样呢？哪怕双胞胎，怎么也会不一样呢？人之所以高贵，是因为具有个体的唯一性，这也是分身无可比拟的原因。所以，作为独立的个体，不让具备原有特质的神秘存在，就是你的女儿沦为"母亲的分身"。比起这个，看着她保持原有的特质成长起来、影响他人甚至改变社会，才是任何东西都无法比拟的幸福。

"被神化"的母乳喂养

作为职场女性，我纯母乳喂养了24个月，不给孩子添加任何奶粉，这24个月，我把我全部的身心都献给了孩子。如果说入伍参军对男人来说是段艰难的旅程的话，那对女人而言就是生娃和奶娃了，母乳喂养可不是段舒坦的旅程。孩子出生后，家便成了牧场，刚做母亲的人，分不清自己到底是人还是牛，跌跌撞撞地冲进了母乳喂养的战场，开始殊死搏斗。母乳比金子还珍贵，但凡还剩一点点就会放进冷藏室，为孩子的健康全力以赴。母乳啊，再多点吧！豆浆和牛杂汤，我也不确定科学指导和民间偏方哪个更有效，只是一股脑儿地全都试了个遍。

不仅如此，这边涨着奶，那边还得继续上班。出去上班

第 2 章　协调：让彼此独立的适当距离

的时候，我没法及时给孩子喝上最新鲜的一口奶，只能去母婴室挤出来。有一次在地铁上，乳房涨得绷开了我上衣的扣子，啪的一声，只希望坐在对面的男人千万不要在我收拾残局的时候抬头，"可别抬头啊，别动！千万不要抬头。"

回想这艰难的24个月，我现在会想"为什么当时会那样？""我为什么要做到那份上？"12岁的孩子已经完全不记得这件事了，他会指着我的乳房问："这里真的会有奶吗？巧克力味的有吗？现在还有吗？"孩子只会问些奇怪的问题，全然不记得自己喝过。我喂得这么辛苦，他却不记得了。

但我为什么会那样做呢？为什么会对母乳喂养这般执着呢？现在想来，可能是因为我想做个很会照顾孩子的母亲，想把从未在自己母亲身上感受过的爱，全部给他。

就这样，为了满足和安抚自己，我经历了漫长的母乳喂养过程。虽然很辛苦，孩子还对此完全没记忆，但我一点也不后悔，这是我自己的选择，也帮助我顺利地进入了母亲这个角色。24个月，我仿佛在这段时间里跑完了一场马拉松，弥补了我童年时期所缺失的那份爱，让我收获了作为母亲的成就感。

混合喂养的真实情况（半母乳半奶粉）

选择母乳喂养的另一个原因是社会氛围。比起奶粉，母乳更应该被"好妈妈"们选择，而我想要加入"好妈妈"行列。

喂母乳或是喝奶粉，事实上对宝宝心理发育的影响并没有太大的区别。喂奶粉的时候，宝宝也是躺在母亲的怀里，互相看着，尽管没有直接吮吸母亲的奶，也能够感受着满满的爱意，茁壮成长。环境污染严重、塑料问题泛滥的当下，谁又能保证母乳会比奶粉更健康呢？但是多数女性很难摆脱社会偏见的束缚。因此，母亲们摆脱不了社会营造的"母性光环"，即好的母亲应该为孩子和家庭献身，时刻陪伴在孩子的身边，深陷其中，备受煎熬。

但"双重标准"会改变人的立场，当母亲脱离这样的母性神话时，我又会黯然神伤。比如，哺乳时我会突然好奇我的母亲给我喝的是什么。小学的时候，我还问过母亲，可当时她回答得模棱两可，只是跟我说两个都有，混合喂养。对于自信的事情，母亲有反复强调两三遍的习惯，所以从她的

第 2 章 协调：让彼此独立的适当距离

反应来看，这个问题好像刺痛到了她的某个点。

喝的是母乳还是奶粉，这个问题到底有什么重要的呢，让我至今都在好奇。为了解开这个疑惑，我找了外婆和姨母，可她们哪里会记得35年前的婴儿吃的是什么呢，何况家里还不止一两个孩子，外婆和姨母的回答竟然差不多：

"哎呀……两个都吃了吧？"

最终得到的答案是"混合喂养"。这样的回答并不能让我满意，我最珍贵的孩提时代，且不说没人记得，还不能给我个肯定的回答，这让我的心情变得越来越烦闷。

有一天，姨母给我发了张在泳池和母亲姨母一起拍的老照片。她说照片里的我实在太可爱了，觉得是我和母亲美好的回忆，让我好好珍藏。可我却发现了一个惊人的事情——照片里的母亲穿着一件束腰白色连衣裙！宝宝刚满周岁，母亲的泳池造型是不是有点不合时宜！如果把母亲的照片发在SNS上的话，应该会选择这些标签。

#游泳池#陪宝宝#白色西装#时髦的腰带

姨妈当时也刚生完孩子，穿的是我很喜欢的宽松版连衣裙。可选择标签有：

#游泳池#和宝宝一起#宽松连衣裙#随时准备拥抱

是的，母亲这条白色的连衣裙给了我确切的回答，"什么啊……果然我没想错！她不喜欢照顾我！带刚满周岁的孩子去游泳池，穿件束腰的西装连衣裙？难道就不担心孩子会发生什么意外？你只顾着炫耀自己。你肯定没有给我喂过母乳！你就不是那种会付出的人！"

兴奋之余，我向姨母吐露了内心的想法，姨母连忙否认说这不是重点。可是不管怎么说，好几天我都没有从白色束腰连衣裙的冲击里走出来。

没有人记得我还是婴儿的时候，也没有办法查明母乳和奶粉之间的真相，但妈妈却在游泳池边戴着皮带坐着。既然这样，为什么要生我？我为什么出生在这个艰难的世界！很伤心，脑子里变得很复杂。思绪接踵而至，走向极端。

但随着时间的推移，我发现我曾经有过的这种想法本身就在试图将我妈妈嵌入社会所希望的母性神话中。这无异于试图测试妈妈是否合格。我不完美的思维认为，我的妈妈应

第 2 章 协调：让彼此独立的适当距离

该是一个适合母性神话的角色，只有这样我才能安全地说我被爱了。这就是让人好奇的母乳派和奶粉派的真实情况。我不希望自己成为母性神话的牺牲品，却希望自己的母亲是符合母性神话的母亲，这是一种离经叛道的想法。现在回想起来，对妈妈真是太苛刻了，我太过意不去了。

妈妈在做妈妈之前，是一个人，是可以对自己的身体做出决定的有主体意识的女性，但是我却把那个女性拉到了妈妈的位置上，进行了严厉的指责。想法被这样一整理，关于半母乳半奶粉的问题就失去了意义。因为胸是妈妈的，怎么支配身体是妈妈的选择。她愿不愿意血肉相伴，全凭她的心。即使不是母乳，宝宝也不会死，营养均衡的奶粉还能让宝宝胖起来。此外，奶粉还采用让宝宝尝过不忘的黄金比例配方制作而成。另外，虽然母乳是一种味道，但是奶粉是可以挑着吃的，还有混合着吃的乐趣。有这么好的奶粉存在，母乳喂养与否的问题最终决定权在妈妈，她自己。

理想化的母亲和女儿

母女们相互理想化对方，对达不到的对方期望感到

母女的世界：爱与憎的矛盾体

遗憾。

"谁家妈妈说腰、膝盖不疼，看两个孩子都轻松。"

"谁家妈妈说养老金出来了，养老不愁了。"

"谁家妈妈跟爸爸关系很好，不用女儿们帮忙来消气。"

"听说他们家的女儿学习成绩好，自理能力也强，没有什么可操心的。"

"他们家的女儿是全校前三名。"

"他家的女儿长得像模特。"

"他们家的女儿给了很多零用钱。"

在这样的情况下，她们传宗接代，创造了母女神话，互相评价和制衡。但这种迷恋只会给彼此带来伤害。母亲和女儿都是独立的个体。因此，我们应该放下对彼此的期望，建立更松散的关系。有时也应该把自己当成别人对待，这样才对精神健康有好处。不是有那句话吗——"对儿媳妇的行为不满意时，就当是邻家媳妇；对孩子生气时，就当是侄子。"意思是说，要有适当的距离感，矛盾才会减少。女儿

第 2 章 协调：让彼此独立的适当距离

和妈妈的关系也是如此。有时保持像对待别人一样的尊重和距离感会守护好母女关系。

正如女儿不是母亲的财产一样，母亲也不是女儿的财产。我们彼此独立并不影响我们彼此相爱。所以不要像我一样贪恋妈妈的真心，也不要因为不能交出真心而有负罪感。

怎样对待母亲的更年期综合征

通常情况下,女儿们还未到能将母亲当成女人来理解的年龄时,母亲们的更年期先到了。回过头来看,我也曾有过这样的想法。

"妈妈变得奇怪了,比以前更情绪化,对我也是更加依赖了,我好有负担……"

现在回想起来,当时刚好是母亲的更年期。对更年期一无所知的我只记得当时她变得有些奇怪,情绪也有些不稳定。幸运的是她正式步入更年期的那段时间,我因为大学生活繁忙,很少在家,和母亲起冲突的机会也少之又少。现如今想起当时的情景,心情依然沉重。

母亲的更年期就像一场长台风,短的可能2到3年,长的

第2章 协调:让彼此独立的适当距离

超过15年也未可知。更年期作为母亲人生中的一个崭新的时期,不是单纯的某个阶段,更不能放任不管,应该将它视为母亲人生中不可或缺的一部分。更年期一到,母亲的世界突然就变了。首先是身体不一样了,生理期的结束会带来一系列的女性问题。不巧的是这个时候,家人们也在经历人生中重要的角色转变,曾经怀抱里的孩子或是开始青春期,或是上了大学开始夜不归宿,又或是花上一个月和朋友们去旅行。有的参军入伍,也有的结了婚。就这样,孩子们光速离开了母亲。上个月还在叫他起床、给他做饭,忙得不可开交,在某天清晨这样的时光突然结束了。操劳了一辈子的母亲独自坐在空荡荡的房子里,就像几十年不停运转的工厂突然切断了所有机器的电源那样,她的生活就这样戛然而止。

而且,更年期不随母亲的意志改变,它是人类自然的走向,因此埋怨不了任何人,这是她们必须接受的宿命。母亲还没有做好充分的心理准备,就被强迫"停止营业",她们的内心会非常痛苦,因为必须要重新适应顷刻间被颠覆的生活方式和节奏,可以说更年期就是混乱的本身,如同"这是哪儿?我是谁?迄今为止,我为什么会……现在我该怎么办?"这些问题一样,充满着迷茫和空虚。

母女的世界：爱与憎的矛盾体

当然，母亲一定能重新适应并找到出路（如果她开始穿蓝裤子和粉红夹克，戴着小红帽出去运动，那么就代表她找到了方向），可在这之前，还得经历一段疯狂的时间。更年期几乎颠覆了她原本的生活，面对这样一个崭新的世界，母亲们往往会处于相当分裂的状态，这种感觉就好像是地球突然反方向旋转，可以说是天翻地覆的变化，她们否定自己的人生，觉得一切都是徒劳，一切都是虚妄，会出现一会极度忧伤，一会又"好了"的情感起伏，更年期不单单是突然就变得面红耳赤的问题。

假如这段时间，步入中年的母亲不了解自己是怎样的人，有着什么样的伤痛，或者说她们没有面对过真正的自己，以及克服伤痛的经验，那么更年期将会如海啸般更加猛烈地向她袭来。

贤珠的母亲突然不见了，这让她十分着急。虽然知道最近母亲到了更年期有点忧郁，但她万万没想到母亲会突然离家出走，还把手机关了。

去了她可能会去的地方，给周围的人也打了电话，可还是找不到她，要去派出所报失踪吗？贤珠和弟弟们陷入了恐慌，父亲也不知道母亲去了哪儿。就在全家人慌乱不已的时

第 2 章 协调:让彼此独立的适当距离

候,母亲住在江原道的初中同学发来了短信。

"你妈妈在我这。不知道你还记不记得,我是在江原道做民宿的阿姨。你妈妈好像有点累,不用担心,我会好好照顾她。"

一家人的心落了地,母亲怎么会突然去那里?女儿们实在忍不了,赶紧开车赶去江原道,就像电视剧里演的那样,我看见母亲独自一人坐在沙滩上。

"妈妈,你在这里做什么?你疯了吗?你知道我们有多害怕!"

"是的……妈妈疯了……"

然后母亲就没再说一句话,贤珠回家两周后才再次见到她。关于离家出走的事儿,母亲这样解释道。

"洗完碗转过身,眼前一片漆黑。就黑乎乎的……又黑又闷,心脏扑通扑通跳个不停……眼泪就下来了,感觉会就这么倒下去,然后死掉。所以我走了,但我没力气说话,也说不出来,我怕我会疯掉……就是这样。"

贤珠母亲更年期出现了四个问题:

1. 身体的变化;
2. 家庭生命周期的变化(子女独立后离家);

125

3．未被治愈或清除的童年伤痛；

4．长久以来无法缓和的夫妻矛盾。

幸运的是，贤珠母亲在家人的帮助下找到精神健康门诊，开始接受心理咨询和治疗。这种更年期带来的生活问题、心理问题就像番薯藤一样，完全没法知道上面"挂"着什么。所以我对许多女性说，克服更年期，光靠坚果和石榴是远远不够的。在正式进入更年期之前，一定要妥善解决幼年、青少年时期的伤痛。如果夫妻关系有裂痕，即使不能解决，那至少也要了解原因。在内心还没有整理好的情况下进入更年期的话，真的不知道会发生什么。如果我碰到的女性将自己抛诸脑后，全心全意投入在孩子身上，那我可能会说得更用力：请一定要在更年期前找到自己。

韩国母亲之所以难以面对更年期，是因为她们中的很多人是功能型的母亲，例如她们习惯给孩子做饭，骑车送孩子上补习班，一起写入学计划、熬夜备考，等等，生活中的她们发挥着强大的工具人作用，可当她们不需要继续做工具人时，母亲们便会感受到前所未有的抽离，就像荷尔蒙再也不分泌了那样，韩国母亲们想要重新站起来，必须经历漫长的过程。

第2章 协调：让彼此独立的适当距离

Noh和Han（2000）在针对韩国50多岁女性母亲经历的研究中提出，对子女来说，母亲具有工具性作用的观点。同时，他们在对比这类工具型母亲的成长经历时发现，这类女性具有一定的时代性特征。

对于子女具有工具性的观点指的是这类母亲具有最大限度地照顾子女、培养他们取得成功的意识，在现实生活中表现为给子女进行多种方式的投资。这意味着，相比于父母子女间因血缘而存在的指向型关系，这种带有某种工具属性的关系，其角色指向性特征更为突出。由此可见，具有如此年代特性的现代中年人经历着社会价值体系混乱与家庭角色变化引发的矛盾。Noh和Han（2000）在报告中提出，这一时期母性经历的核心主题是与子女间心理上的分离。因此，假如想要更好地了解分离的过程、这一过程对中年女性有怎样的影响，以及预防和缓解由此带来的生理、心理问题的方法，就必须了解她们是如何相互作用和适应的。

申秀珍、朴福南、姜孝英，关于韩国中年女性与成年子女分离经验的依据及理论方法，《成人护理学会杂志》第17卷第5期（2005）[1]

---

[1] https://www.koreascience.or.kr/article/JAKO200525458753760.pdf

母女的世界：爱与憎的矛盾体

所以，当母亲牺牲自我、忘却自我，积极地将孩子当作实现自我成就的对象，发挥着功能和工具作用时，一旦子女不再需要，母亲就会分裂。因此，为了避免这种悲剧的发生，母亲应当同时发挥工具型和关系型角色的作用。工具型母亲指的是考试期间为了孩子能够取得更好的成绩，会督促孩子学习的母亲；而关系型母亲则是能够体会孩子备考的紧张，与孩子一同认可考试成绩，认可孩子情绪的本身，并能给予拥抱的母亲。顾名思义，就是没有目的性地分享情绪的共情能力。

"明天要考试了吧？睡觉前再看下考试范围。不要熬夜，今晚禁止玩游戏。"（工具型母亲）

"考试考砸了？肯定不开心……你要不要吃炸鸡？已经很努力了，没关系。也辛苦了，今天就先吃饭吧。"（关系型母亲）

母亲的关系型特质越突出，就越能把她从工具型人格中脱离出来，这不仅能够帮助母亲继续维持与孩子之间的关系，还能减少母亲内心被剥夺抽离的感觉，进而平稳地度过

第2章 协调：让彼此独立的适当距离

更年期。当然，这可不是说说那么简单，我是个愿意倾听孩子说话的母亲，有一次孩子转身对我说了这样一句话。

"共情的话就一句，劝告的话却详细说了六句……"

是啊，当关系型母亲就是这么难，但是得努力，不能放弃！孩子长大后再也不需要安排补习班课表的母亲了，能在孩子失败的时候给予安慰和力量的母亲却是永远被需要的存在。因此，不妨问问自己，是否太照顾孩子，是否过度扮演了工具型母亲的角色。

更年期不单纯是脸上火辣辣的问题，身体、心理、关系等方面都需要做好长期准备。可母亲们是怎么做的？大部分人只是听早安剧场反复讲更年期要多吃坚果和石榴，在没有任何心理和关系的准备下便步入更年期。一颗核桃不足以阻止这样的大混乱，独自与更年期战斗的母亲需要女儿的安慰。

"妈妈，我给你买了核桃，加州产的，别省着吃。"

"妈妈，这里还有绿色的裤子，你要是喜欢紫色，我再给你买。"

"托妈妈的福，我过得很好。虽然现在总是不在你的身边,但我一定会记着您的劳苦、艰辛和感恩。"

"爸爸已经不在了,妈妈你要不谈恋爱试试?要不要我给你找找相亲会?"

这些琐碎的话语给了母亲克服更年期,进入人生新篇章的力量。

再者,在这个时期,无论身在何处,母亲都会在找寻自我成就感、证明自己依然有能力的同时,努力保持存在感。

比如,凌晨两点起床摊30个泡菜饼,抡起衣袖说帮别人家准备祭祀食品,结果却贴满膏药发着热;突然买了自行车;要做50颗的泡菜但做了100颗……当妈妈像黑寡妇[1]一样大尺度行动时,绝对不要阻止她。因为她们只是在努力寻找逐渐消失的自我成就感。为了这样的母亲,女儿们要做的就是啃着泡菜煎饼的最后一点说:"哇,为什么这么好吃?"或者说"妈妈,我们一起开个凉菜店怎么样?"或者说"妈妈做的泡菜可以上电视购物去卖了。"这样就足够了。这样下去,也许在她一边看着电视剧,一边翻来覆去的

---

[1] 既是漫威漫画的角色,又是同名电影里的间谍女英雄。

第 2 章 协调：让彼此独立的适当距离

时候，快速地结束了适应期，某个时候装作赢不了似地问"什么类型的男的？"突然接受了你的相亲提议也说不定。

"更年期"的"更"是重新开始的"更"，也就是重生，可是重生谈何容易。母亲正在经历这个难以用言语形容的重生时期。母亲的更年期像得了场大病似的，为了让她能够帅气地重生，希望大家不要吝啬核桃、蓝裤子和一句温暖的话。

请不要过度依赖母亲

据说,因为帮忙带孙子而得骨病的老年女性可以说是骨科医院最大的客户。她们全身没有地方不酸痛,慢性神经痛会随她们一起进入棺材,哪怕是给她铺了条满是鲜花的道路,她也会说膝盖酸。

女儿从小就和母亲分享很多东西,并且得到很多的帮助。不单单是饮食生活,从挑选内衣到高考补习班、开双眼皮的医院,都是和母亲一起选择,所以女儿们会在很多自己都意识不到的地方与母亲紧密相连,母女虽然不是常常手挽着手,但心理上是相通的。母亲和女儿总是挽着对方胳膊生活,有的女儿说即使是成年了,母亲的眼珠子也还是会随着她转动。女儿不清楚自己到底有多依赖母亲,和母亲有着怎

第 2 章　协调：让彼此独立的适当距离

样深远的联系，以至于互相影响。

孩提时代，自我和他人的界限是不明确的。因此，如果在心理上受到某个人强烈的控制和影响后，自我会变得模糊，从而产生依赖更具力量的那一方的危险性。但是相当多的母亲有着强烈介入和控制子女生活的倾向，特别是在高考被视为人生重大转折的韩国社会中，她们不允许孩子留有自己的心理空间，孩子想留有自己的空间这件事一旦被发现，就会被定义为反抗和越轨行为，成为读不上大学的"大事"。

很多子女从小就会通过这种方式和妈妈建立强有力的纽带关系，形成心理上相连的命运共同体。即便是母亲和女儿，也绝对不能成为一个命运共同体，并且这种控制还被定义为"巨大的爱"，这股不可反抗的气息，犹如神经一般伸向女儿生活的角角落落。

母亲更不会解散这个命运共同体，因为她可以在这段关系中明确自己的价值与存在，一旦将她和女儿分离，她的人生就会如同漂泊在茫茫大海上一样，陷入恐慌。

"我们不能分开，我们怎么能分开呢……"

即使女儿结婚了，这个命运共同体也不会轻易解体。

母女的世界：爱与憎的矛盾体

如果女儿结了婚，并开始独立生活，她们应该互相说"拜拜"，可是母亲和女儿根本意识不到彼此需要独立。于是，母亲和女儿的故事继续进行，两人真正的矛盾在女儿结婚后才正式登场，尤其是被称为母女命运共同体的宿命大戏，从其中一人变成丈母娘、帮忙带小孩的那一刻开始，正式拉开序幕。相爱又互相依赖，纠缠的关系让彼此疲惫。

母亲不是应该更喜欢儿子吗？对，她爱儿子。可儿子结婚后，如果她介入这段婚姻，那么儿子的人生就会很累，这一点从我们的母亲那就学到了不少，婆媳矛盾实在是太普遍了。因此，婆婆们会为了儿子的安稳，小心翼翼地处理与儿子儿媳的关系。周围的人也会时常劝阻她不要与儿子儿媳走得太近。

"别老给儿媳做拌菜。她说最近不喜欢。"

"没给儿子家打电话就去了？哎哟，嘴上不说，心里讨厌啊。"

这可以看作教育的正面作用，但女儿却不一样。与女儿的关系就像教育盲区一样，没有任何标准，也没有参考手册。丈母娘帮衬结了婚的女儿天经地义，如果碰上这样的母亲，这女儿会被认为福气真好。

134

第 2 章 协调：让彼此独立的适当距离

母亲在家长制社会中成长，在她们看来，为子女牺牲和奉献是理所当然的事情。因此，即便子女长大成人，组建了自己的家庭，然后独立生活，父母也依然会尽自己所能照顾她们。我认为这是父母的恩德，没想到这样做可能无法将子女的人生与自己的生活区别开来。

对于母亲来说，女儿是柔弱的。说着为她们好，给女儿做饭、打扫卫生，大小事儿都要管是父母的风格，既然是管，女儿可比头疼的儿媳妇安全得多。因为从一开始，女儿就是母亲的"领地"。

妈妈会果断地、堂堂正正地打开已婚女儿家的玄关。照看孩子、整理冰箱、打扫卫生间、做饭送菜……对于职场妈妈而言，娘家母亲参与这些事情的可能性会更大。当母亲没法参与的时候，她会找个由头开始说：

"喂，你不用抹布拖地的吗？吸尘器打开就可以了？吸出来的灰尘放哪里？"

"你的快递太多了。说了没钱，如果积少成多，迟早变成巨额外债！你不知道吗？"

"对你老公稍微尊重点。还总是叫哥哥，哥哥……孩子都有了,叫什么哥哥啊。应该叫老公吧。"

"孩子吃点饼干和面包会死吗?你不也是这样长大的?你死了吗?活得好好的吧?试试吧……为我想想啊。"

"哎哟,这个放冰箱也好,扔掉也好,吃掉也好……吃的东西要马上收拾,墙纸上都有一股子菜味儿。你闻不到吗?你鼻炎又犯了?"

"既然这样,就找个保姆。我是你的奴婢吗?"

"我拿你50万(韩币)帮你看孩子,他们说吓到了?问你最近拮据吗?"

"你最近怎么这么胖?还以为你有老二了。别再吃了!"

唠叨女儿的盛况不会谢幕,可女儿听了不舒服也只能受着。因为需要母亲的帮助,也觉得抱歉,虽然不想听母亲唠叨,但确实也有很多方便的时候。老实说,我无法想象如果没有母亲的帮助该如何独自生活,可能这也不行,那也不行,只剩下闹心。因此,最近出现了"娘家母亲忌讳症"这么个新造词,甚至还出现了婆婆比自己母亲更舒服的奇怪现象。

第 2 章 协调：让彼此独立的适当距离

围绕女儿婚后的生活和育儿问题展开的母女之间的心理战，仿佛是《爱情与战争》。表面上事情是从"给孩子吃的一块饼干"开始的，但实际上两人的矛盾在一块饼干前变得如此激烈的原因在于双方长时间的相互依赖，进而在心理层面上形成了复杂的纽带关系。

摆脱母女间的纠缠，变得自由的方法

双方都要生存，必须从心理上开始远离，在这种情况下，忍受痛苦不是正确的方法，如果继续忍耐，也许关系会变得更糟糕，或者可能会造成无法挽回的伤害，一方或许会患上心理疾病。

因此，对于如此纠缠在一起的母女来说，方法是稍稍离对方远一点。从母亲开始改变的话，可能会有点困难，女儿可以尝试下决心，慢慢为独立做准备，这是条能让两人都幸福的道路。可是，许多女儿会踌躇不前，因为停止依赖母亲需要莫大的勇气，很多时候，女儿们的人生建立在母亲的牺牲之上，如母亲的时间、体力、膝盖、情绪、金钱、未来、甚至人生……这些其实超出了母亲帮助女儿的范围，相当多的女儿实际上是在过度消耗母亲。

以周末带娃和整理冰箱为例,作为职场妈妈,周一到周五只能将孩子托付给母亲,可是假如母亲帮忙看护到周末,那么母亲还能有周末吗?也不是什么重要的事情,但周末也习惯性地让母亲照顾孩子,女儿却享受着自己的小日子,这就是典型的过度消费母亲的例子。

看到正在整理冰箱的母亲,手腕上贴着膏药……

"别了,妈妈……"

坦率地说,有时候女儿在自私地利用母亲。母亲和女儿就这样相互缠绕着,为了维持良好的心理关系,这样的纠缠应该停止了,是时候学会彼此独立了。并不是让母亲不管不顾,而是说作为成年人,母亲应该把注意力集中在充分地过好自己的人生上。

当然,女儿们向母亲求助的原因和背后也存在着社会结构问题。社会氛围对职业母亲完全不宽容,虽然提出了"各位,向着友好家庭的方向前进"的宏伟口号,但依然无法翻越现实的高墙。现如今,职业女性几乎无法安心生产,无忧无虑地工作,这是大部分职场妈妈和我自己的感受。

普通的夫妻关系,即使是双职工家庭,也无法对家务劳动和育儿事务进行公平的分配。尽管有许多男人会推着婴儿车去公园，负责育儿和家务活，但在更多的情况下，这个人不是我的丈夫。这种不平等的劳动分配引发严重的夫妻矛盾，因此，相当多的职场妈妈工作3年以上会出现抑郁、体力下降，被很多难以独自承担的角色所困扰。因此，尽管很抱歉，但不得不拜托最让我舒服跟信任的母亲，母亲会说着"只要我女儿能成功就行，我不会再对她独自养娃坐视不理"挺身而出。

在巨大的社会结构性问题面前，女儿和母亲的连带关系变得更加紧密。为了让这令人心疼的连带关系消失，社会应当赋予女性劳动力更高的价值，摒弃母性神话，所有已婚男性应该负起育儿和家务劳动的主要责任。可是，由于这样的社会结构问题没有出现解决的迹象，或者需要花费很长的时间去改善，所以我不得不长期过度消费我的母亲，这合适吗？或许解决社会结构问题的责任落在了我与母亲的肩上，并且她还可能是我俩之中最弱的那一个。

有一种能力叫作"解决问题"，在同样的情况下，人们解决问题办法不尽相同。有的人选择正面突破，正面决胜负，有人却是被动地与令她厌烦的问题共存。但是我们解决

母女的世界：爱与憎的矛盾体

问题的能力是最好的吗？如果我们将母亲作为答案，又能否保证我们的女儿们生活的世界会比现在更美好呢？把个人的选择和责任归结于社会结构问题，也是种安逸的态度。真的除了让母亲像现在这样生活之外，就没有别的办法了吗？我希望女性们能积极主动地找寻解决问题的办法。所以我希望各位能思考以下几点。

1. 不要把年迈的母亲为你带孩子当作理所应当的事情

这世上没有理所当然。如果您的女儿有了孩子，您会将自己的余生奉献给女儿的孩子吗？我好像做不到。也许偶尔会帮忙照看一下，但我不会做外孙的主要负责人。再养个孩子？举着勺子追着喂断奶食物？在雨天的夜里背着怎么哄都不睡，一直放声大哭的孩子在小区里走来走去？啊，真是"谢谢"啊！孩子再可爱，也是偶尔看才可爱。所以，母亲帮忙照顾外孙是件值得感激的事，并非理所当然。所以拜托母亲照顾孩子应当慎重，保持起码的距离，就从感恩的心开始吧。

如果要求母亲接孩子的时候要准时，女儿最好根据实际

第 2 章 协调：让彼此独立的适当距离

情况给点钱，我偶尔会遇到因为母亲提到钱就伤心了的女儿，但是母亲希望自己的劳动和牺牲能获得补偿也是人之常情，她不是无薪实习生，也不是志愿者。

在育儿方面，母亲只是搭把手，父母双方才应该是共同责任人，不能仅仅因为累就做个旁观者。母亲累了一辈子，与其让她抱着孩子，不如让丈夫抱着。

2. 冰箱和饮食生活的主导权和责任应该归夫妻所有

母亲有自己的家，自己的冰箱，我们家的冰箱就由我们自己来负责吧。只有这样，母亲才能找到位置，停止超范围工作。要想公平分配家务事，就应该面面俱到，不要把丈夫排除在外。如果丈夫不能把家务事当成自己的事，那么就有必要与丈夫展开强有力的对峙，可能会发生严重的争吵，可能会进入长时间的冷战，但请不要放弃，只有让那些还没启蒙的丈夫们赶紧醒来，社会变化的速度才会越来越快。为了那一天，妻子必须要向丈夫灌输主人翁意识。

如果是分配好的工作，哪怕郁闷也绝对不要替对方去做，绝对不能在家务事上表达"互相帮助"的意愿，如果在家务事上使用"要帮忙吗？帮个忙吗？"这样的表达，那么就很难维持公正。

在有必要并且条件允许的情况下，清洁工作最好交给家政公司，而不是母亲。家用电器是好帮手，还有烘干机、洗碗机、食物粉碎机、扫地机器人……随着方便生活的家用电器越来越多，夫妻的幸福指数也会越来越高。在经济条件允许的情况下买点吧，这不是钱的问题，而是我们需要为良好的关系买单。

独立的过程是非常艰难的，但只有独立了，才称得上是真正的成年人。我希望作为女儿的你能过上成年人真正的生活，承担起自己的那一份责任，也希望能够帮助到母亲去过好自己的生活。所谓好母亲，就是作为女性，对存在感、认同感、自信心非常明确的人，单靠母亲一己之力是不行的，希望你和其他的家人们能够帮助母亲一起寻找。不让母亲的人生以牺牲做结尾。美国大陆土著部落对母亲作用的定义给我留下了深刻的印象。

生活在美国大陆的许多土著部落对母亲作用的看法，与我们不同。那里的原则是这样的——"孩子需要你的时候，

第 2 章 协调：让彼此独立的适当距离

你才是母亲。孩子长大了，你就从母亲的义务中解脱出来。育儿也好，对孩子的要求也罢，都有尽头。等孩子长大了，能好好地生活了，你们的关系也就结束了。"我的原则基于这样的前提，首先你是人，而后是女人，最后你才是母亲。

孩子到了可以独立生活的时间，母亲就会回到原来的位置。

克劳迪·阿哈尔曼，《母亲和女儿的心理学》，
第32页，现代知性

让我们帮助母亲回归女人，回归人类，以此结束她的人生。让她去有意思的地方，欣赏美丽的风景，品尝美食，母亲剩下的时间不多了，不要再过度消费母亲，适可而止吧，只有你先放手，她才能放手。假如母亲的余生是在没完没了地替你收拾冰箱中度过，那么实在是太可惜了。剩下的时间里，母亲一定要活得比现在灿烂。育儿这个难题，解决办法真的只有妈妈吗？你需要和社会一起去寻找你要的答案。

모녀의 세계

第3章

独立：找寻超越母亲的自己

越界的母亲

虽然有需要,但还没打算买被子。

"妈妈帮你把被子买好了。"

"嗯?这么突然?买了什么被子,花的?啊,真的是花纹的啊!我都说了多少次,我不要花纹的。为什么我结婚用的被子,得按你喜好买!"

"真是身在福中不知福!你知道棉吗?看起来是很漂亮,但洗衣机一转就会起毛,你就会买稻草……要懂得感恩。"

"是啊,碗也是买你喜欢的。我喜欢别的啊。"

"所以呢?用你的钱买的吗?都是用我的钱买的,给你买还这么麻烦,等我死了,你不要跪在坟前哭'哎呀,谢谢

母女的世界：爱与憎的矛盾体

妈妈！'。"

"为什么每次见面你都这样？是我结婚，为什么都要听你的啊？"

"喂！你去路上随便找个人问问，谁挑的东西更好。别人都说你妈我眼光好。你朋友说你选择的东西很漂亮，那是因为你们没生活经验，你懂吗？"

就这样，酒店式的床上用品、北欧风格的餐具，如同仲夏夜之梦一般消失不见了。对大多数母亲来说，她们与女儿是不存在界限的。即便存在，也好像只是模糊的虚线。如果母亲喜欢花被子，那女儿就只能盖着花被子睡觉。母亲的手机相册里若满是鲜花，那女儿的生活也会变成一片花田，香得喘不过气来。可看着看着也就习惯了，毕竟花本来就很美。但如果在某个北欧风的房子里看到这么多美丽的花，心里不禁嘀咕"这……"。条纹、MUJI（无印良品）、酒店式白色床单再也不能进我家门，如果母亲喜欢的是花，那就得买花，毕竟只要她说菜没馊，那就是没有馊。

母亲的这种自我肯定可以定义为"错误共识效应"（false-consensus effect），指的是认为自己的思考方式和感情是正确的，并产生所有人以同一方式思考的错觉，这种效

第3章 独立：找寻超越母亲的自己

应也时常出现在夫妻吵架中。

"去马路上找几个人随机问一问，结婚20年从没忘记过老婆生日的男人有吗？"

或许会有这样的人存在，但更多人主张"都这样，也不就只有我不记得。只是你不知道罢了"。

总之，母亲错误地与女儿共识，控制她的情绪，无视她的意见，侵犯她的底线。底线被无情跨越的女儿很难战胜生气又委屈，却活力四射的母亲。因为母亲可不是好欺负的存在。

初一的时候，我有一件非常爱惜的针织T恤，竖条纹，是我最喜欢的款式，可母亲非常讨厌这件衣服。在她看来，竖条纹会让本来个子就不高的我显得更矮、更胖，并且觉得别人也是这样想的，所以她坚决不允许我穿这件衣服。有一天我放学回到家，发现家门口垃圾桶里的那件衣服不就是我的最爱吗？好生气，我捡起沾了垃圾的衣服，回家和母亲大吵了一架。可是第二天，衣服又被扔进了垃圾桶，我火冒三丈，又把衣服带回了家。第三天放学回家，我发现衣服不仅被扔在了垃圾桶里，上面还倒了泡菜汤，深感无力的我哭得稀里哗啦，年仅14岁的我根本没法打败母亲。

虽然母亲的出发点是为女儿好，但如果她以这种方式越界，对女儿使用错误共识效应，那么女儿只会感到无能为力。也许会自嘲"我真没法阻止我妈妈"，可这就是女儿心底的绝望和无助。就这样，母亲们反复挑战着女儿的底线。

摆脱"发号施令"的妈妈

"吃吧，没胃口也稍微吃点。有什么不喜欢的，早餐是必须要吃的。"

关于吃什么，孩子是没有决定权的。在母亲眼里，说着没胃口，喝着咖啡，不喜欢早饭油腻的孩子是没有权利拒绝这天下第一美味又营养的炒饭的。某个孩子已经安排好的下午，母亲毫无征兆地喊道："走，穿上夹克，我们去超市。"军训似地走出家门。母亲以新学期要打扫卫生为由，随随便便地就把孩子舍不得用的彩色铅笔丢进垃圾桶。

如果这样的事情反复发生，孩子们也会像我们一样感到无助和愤怒。孩子无法简单地处理情绪，只能把长久以来的无助再次保存。帮助孩子成长为独立自然人，是父母的职责。只有守护好孩子的底线和决定权，才能让孩子活得更自

第 3 章 独立：找寻超越母亲的自己

我、更有方向。所以，拜托做个"和蔼的暴君"，不要随心所欲，做个有边界感的母亲，首先让孩子自己选。

"这几支彩色铅笔太短了，写起来不方便吧，要不帮你扔了？"

"炒饭、方便面，你选个？"

"4点我想去趟超市，可以跟我一起去吗？"

"我觉得花的图案很漂亮，就像睡在花丛里一样。但你从来不这么想，对吧？"

这些问题保护着彼此的界限，亲密感不单单从分享和靠近中获得，平衡共存与边界，也可以形成人与人之间的亲密感。越界控制女儿的方式是祖母留给母亲的精神遗产，当然这份遗产也是继承而来。因此，想要结束这样的传承，必须从认识、提出问题，并且尊重问题的解决方法开始，否则越界只会延续。

越界行为发生在母亲随意地重新定义母女关系的过程中，有人问起："你女儿怎么这么孝顺，跟她聊什么呢？这么有趣？"母亲回答道："我女儿跟我像朋友。"突然，女

母女的世界：爱与憎的矛盾体

儿就变成了朋友。但假如女儿对母亲不礼貌，"我是你的朋友吗？"之类的斥责和怒气不绝于耳。"像朋友一样的女儿"和"我是你的朋友吗？"两者之间的鸿沟，女儿要如何跨越？这种现象通常在母亲试图通过女儿来满足自己各种欲望时发生。

在人际关系方面，人类有着各种各样的欲望，他们需要爱情和友情，需要人际关系技巧的体现，更需要实现自我效能（self-efficacy），纷繁的欲望需要经历复杂的人际关系才能被满足。和老公的关系一般，儿子虽好但似乎也有点费劲，活动半径就到小区尽头，母亲对所有关系的需要就只能从最善良柔弱的女儿身上获得了。于是女儿就像角色扮演者一样，今天是朋友，明天是孝女，母亲和父亲冲突的时候女儿是咨询师，当母亲想吃软糯的排骨时女儿又变成朋友，看着母亲穿着不称心的衣服走进来时女儿要表现得像个钱不够花的小老百姓，一年365天，每天都好像参加大型的角色扮演派对。请弄清楚，边界是应该被守护的，不应该被随意侵犯。女儿是女儿，朋友就是朋友，如果你的母亲将你的角色在朋友和女儿之间来回切换，我想说：

"我为什么要做你的朋友呀？我有朋友，妈妈你也有朋友。我是女儿，你是妈妈，我们不是朋友。"

同理，我们需要将母亲推到更为宽阔的人际关系和生活半径中去。尽管担心母亲的腿脚，但如果有机会就让母亲去远游吧，她说要去跳尊巴，也别阻拦。与其想着改变母亲，不如帮助她们在各式各样的生活场景里成长，慢慢地变得有边界感。

也许听了女儿说的话，母亲会略显遗憾，说："你学得多，聪明真好。女儿都没出息的。"对女儿拒绝做她朋友的行为，母亲表现出抵触情绪。可是母亲的失望，你无能为力，因为那是她的情绪，在她的管辖范围之内。别忘了，反复越界的行为可是条让女儿变得越来越无力的捷径。

我觉得这个母亲太帅了。清晨，在去幼儿园的路上，女儿走在前头，身穿公主裙，头戴皇冠，犹如爱莎公主般，母亲跟在身后，不禁感叹道："我肯定不是这个孩子的妈妈。看，好像跟这条路有点格格不入。"虽然不太能接受女儿的时尚，可依然选择了尊重，如同跟在身后保持了一定的距离那样，她实在是太酷了。各人有各人的生活，正如害羞是你的选择，而花海是我的挚爱，所谓的边界感就是这样的吧。

她也是第一次做母亲

初恋、初吻、职场新人……每个人都对"第一次"记忆犹新。网飞（Netflix）上初恋相关的内容一直是热门话题，"第一次"似乎对大伙儿来说是件模糊的东西。

我所认为的"第一次"是心动、专注、真心以及热情，也是不成熟和未完成，是那些不会被遗忘的瞬间，永远镌刻在我们的人生故事里。虽然很可惜，但我再没有那时的心动和热情，可也觉得安心，因为那种不成熟的感觉也随风散去。每个人都有第一次，所以我们对包括自己在内的所有人的第一次都很宽容。当听到有人在责怪自己的第一次不成熟时，我们可以这样安慰他们。

"第一次都这样，谁一开始就很厉害啊，都是从跌倒处

第3章 独立：找寻超越母亲的自己

爬起来的。"

但是宽容也有例外，那就是看待"第一次做母亲"这件事。人们会假装说着鼓励和安慰的话，可紧随其后的还会有这些，"既然已经当妈了，那就要习惯。""都做妈了，这样不行……""即便如此，你现在是妈妈了……"

很明显，大家手里有一本神奇的母亲手册。若是遇到手臂上有文身的母亲，一定会转过头去看。可以肯定的是母亲是有着某种特定形象的，因为韩石峰[1]的母亲吗？还是因为申师仁堂[2]？初为人母的她们总是被拿来和那些似有若无的"母亲风范"比较，尽管是第一次，但经常会被强迫着做到最好。既然生下孩子，自然有责任和义务将其抚养长大，可问题在于"好"的标准不同，由于教育孩子的多样性得不到认可，母亲们常常会责怪自己并为此感到内疚。

想想看，某天孩子降临，一夜之间大家开始喊我"某某妈妈"，孩子出生才一天，我却完成了身份的转变，作为母亲的女性必须所有的事情都要符合"母亲风范"，洗澡、断

---

[1] 朝鲜第一书法家。——译者注
[2] 朝鲜王朝初期书画家、著名学者李洱之母，是当时"贤妻良母"的典范。——译者注

奶、推婴儿车、训孩子、哄睡、帮忙系鞋带、控制愤怒等等，每一样都要做到极致。

随着新身份带来的任务越来越多，母亲们离朋友越来越远。从表面上来看，每个人都做得很好，可实际上大多数人会认为自己没有资格做母亲，也并不是一个好妈妈。时光飞逝，孩子们长大了，有了老二或老三，迎来了被人叫"某某妈妈"都完全不会尴尬的时节，即便如此，她们依然会如突然"哐当"一声像触礁般陷入"我真的是个好母亲吗？"这样的思绪中无法自拔。

我不太会因为工作而对孩子感到内疚。虽然刚开始会有点辛苦，但是当我认可了自己作为职场妈妈的社会价值后，负罪感随之消散。（我为你做了很多好的事情。因为我，你拥有了平等的女性观，明白丈夫做家务也是理所应当。若你选择结婚，从我这得到的经验值很有可能让你的婚姻生活更美满。）

但我有致命弱点，那就是情绪管理，"易怒"不容小觑。某天，儿子对我说，最近他一直在YouTube上看我的讲课视频，他认为我生气的时候没有管理好情绪，建议我也听听自己的课。（竟给我打了个钩？要没收手机吗？还是禁止

第 3 章 独立：找寻超越母亲的自己

他看YouTube？好吧，承认接受吧。）

我也有这样的想法，毕竟我是第一次做母亲，怎么了？像我这样的，已经是优秀学生了好吗。还记得，在他出生40天左右，在"我是这个小小生命的母亲"和"孩子只有我，可我还没准备好"这样的感受中，我迷茫着，恐惧着。看到摇摇晃晃的孩子，我的心动摇了，这巨大的恐惧和负担让我不知道可以做什么，应该做什么，迷茫得我快要哭了。

就像这样，做了母亲的女性还要经历成为"真正"的母亲的过程。第一次做母亲的她们，一边制定着"好妈妈养成计划"，一边饱受"我没有资格做母亲"混乱思维的折磨。许多母亲分享了他们从前的感受、如今的困惑，以首字母为代表，我记录下了她们各自的感受瞬间。

H：几乎可以说是每时每刻。因为生气而不愿接受孩子心意，只是嘴上不停叨叨说要改时，明知道这样不好却总是把自己的想法强加给孩子时，我尤其觉得不配做个母亲。点比萨吃的时候，我会想要吃好看的那一块，也不会说"我不喜欢吃炸酱面"（让孩子多吃点）。

母女的世界：爱与憎的矛盾体

L：我像疯婆子一样大喊大叫，哪怕知道孩子是有苦衷的。为了证明自己生气是对的，我会开始第二轮的唠叨轰炸。我不饿的话，就会迟些做饭，让孩子做作业，我开开心心追剧，我会想"我这样算是母亲吗？"

J：我想多吃两口，然后让孩子别吃了的时候？

S：我很早就结婚了，生下第一个孩子后，丈夫下班我就会把孩子交给他出去玩。丈夫很理解我年轻，可在我和朋友们玩好回家的路上，会突然想"我还不配做个母亲……"

Q：我只是想了几百遍，最不想当妈的人却做了妈妈。这辈子完蛋了。

E：点很多外卖的时候？睡懒觉起来发现孩子已经去上学了的时候？因为情绪管理失败，把所有的怒气都撒在孩子身上的时候？和丈夫吵架，冲孩子发火的时候？把平时从孩子身上得来的东西假装爽快地给他，然后用别的方式报复，比如不许他看电视，禁止他玩游戏的时候？那些时候我就会

第 3 章　独立：找寻超越母亲的自己

想我不配，啊……也太多了吧！

这些话是从非常努力想要扮演好母亲角色的人们口中听来的。哪怕是别人嘴里非常成功的母亲也还是会严格要求自己，并在难以入眠的夜晚细数不足。

从上面的这些故事中可以发现，当面对自己还不是母亲时的那些原始欲望，她们会产生负罪感。我们眼里的"好妈妈"到底是怎样的呢？看炸鸡跟石头似的，拥有无限精力陪孩子们玩耍，非人类的超常存在，难道就是我们眼里的好妈妈吗？没有食欲，不会疲劳和愤怒，这是人体模型，不是一个活生生的人。

所谓的"好妈妈"到底是什么样子呢？

我太累了，哪怕记得和孩子约好了一起看漫画书，也会假装忘记；明知该提醒孩子不要沉迷于游戏，却想安静地追剧，因为太舒服，一动不想动；一日三餐都是面包、油饼、面条等面粉类食物……提着行李出去工作，或是偶尔陪孩子们玩却不知道该玩点啥的时候，我都会觉得我没有资格做母亲。

可是，真的有完美的妈妈存在吗？很多母亲最终都没有找到理想型配偶，只是和现在的丈夫结了婚，这个世界上永远不存在某个人的理想型，衡量母亲好坏的理想型也一样不存在。就好像不会有完美的人一样，自然也不会有完美的母亲，每个人都有各自的特点，母亲亦是如此。

我有个朋友是时尚达人，每根手指几乎都有文身，一头黄发。虽然和儿童营养食品、练习册广告中的形象不太一样，但对于孩子来说她是一个好妈妈。她在成为母亲之前，还是个了解自己取悦自己的人。

孩子不会要求太多，她会原谅人格破碎的母亲犯下的错误，并将此融入成长过程。仅仅因为你是母亲，她就会无条件地爱你。想一想，你的人生中有被这样无条件地爱过吗？她喜欢着、盼望着、爱着，向你奔来，紧紧拥你入怀。爱你远甚于你爱她，孩子的爱纯粹又绝对。

为了报答这份爱，我们只需要做这两件事。

第一，目光要充满爱。这比"早餐投喂"可简单多了。看着他的时候，哪怕只是片刻，也要集中注意力与他对视，眼里充满爱就够了，当然要是还能微微一笑，那就更完美了。试一试就会明白，3~5秒的时间并不短。和陌生人或相亲对象深情地望着对方3~5秒？这绝对不行。眼神交流可不

第3章 独立：找寻超越母亲的自己

是简单的行为。

眼神交流是人与人之间一种可行的、极度亲密的相处方式，也是强有力的沟通手段。眼睛有着拒绝、掩饰和破坏的能力，相反也可以迷人、连接和创造。从生理上来讲，眼睛与其他外部器官不同，具有更能吸引对方的特质。诱惑出于本能，出生的那一刻起，宝宝就被母亲的眼睛所吸引，母亲的反应通过眼神与宝宝交流实现，通过眼睛这个媒介来传达经验的特质和感觉，因此对视是内在精神和人际关系发展的主要手段，也是亲密感的形成点。因为经历了数万年的进化，人类的眼睛蕴含着庞大而深奥的原型意义。

玛丽·艾尔斯，《含羞的眼睛》，
第17页，NUN出版集团

该用怎样的眼神去看孩子们的眼睛呢？满是爱意的对视，并不容易。不遵守约定每天只知道打游戏，骂弟弟的话满天飞，早就开始接触"黄色漫画"，做作业推三阻四，把你说的话全当耳旁风瞪大眼睛，只知道对着手机屏幕傻笑，要和这样的孩子来一个深情地对望？这也太难了吧。可即便

母女的世界：爱与憎的矛盾体

如此，我们也应该本着修道的心，记住和孩子一起生活的本质，每天对视一次，把爱传递。你的眼神一定会留下强烈的爱意，成为孩子的力量，而且还能在客厅里完成，多么新奇啊。

"哎，对视就可以了吗？"不如倒过来想想，孩子对你的指令一言不发，只是傲慢地瞪着你以示反抗，这个时候愤怒会立刻到达战场，你马上会脱口而出，"来！我叫你过来！"岂止如此？或许是丈夫看你的眼神过于热烈，让你确信了这就是"爱情"，一下子就把心交给了他，嫁给了幻化成人的那个他。眼神是人际关系中强有力的沟通方式，所以千万不要吝惜与孩子之间温暖有爱的对望。

第二，在付出之前请先成为能够接受孩子存在本身的母亲。太多的母亲习惯付出，做饭、开车、辅导语文，把更多的精力集中在发挥作用上，以至于没有力气去接纳孩子本身。但凡孩子有一点点出乎意料，她们就会生气、管制、指责。可是，对于孩子们来说，她们并不需要安排好所有事情，让人压力山大的母亲，她们更希望母亲是能够在关键时刻接纳自己的那一个人。

从这个意义上来说，英国精神分析学家威尔弗雷德·比

第 3 章　独立：找寻超越母亲的自己

昂（Wilfred Bion）表示："父母的作用是载体，是盛放的器皿。如果孩子们将内心不好的、想要丢弃的东西抛给父母，父母应该发挥接纳的作用。"孩子们在犯错的过程中，以某种面貌围绕在我们的身边时，不要督促、教育、指责，首先发挥拥抱和接纳的作用，这才是优秀的母亲。只要做到"眼神交流和拥抱接纳"，那么你就足以成为一个好母亲。

你一个人已经过得够辛苦了，还要完成扮演"母亲"这个角色的任务，我想对她们说，我们都是第一次，你看，第一次的你已经很了不起了呢！

别再道歉了,工作的妈妈们

"很抱歉,我是个职场妈妈。"

这可能是你听过的一句广告语。假设还有另一种解释,也许可以这样认为,"我生了你,现在为了要养你而出去工作,我感到很抱歉"。不觉得奇怪吗?至今我没听说过"对不起,我是个职场爸爸"。相反,父亲们的劳动才被认为是家庭中最崇高的付出,备受尊敬。父亲工作是应当的,可母亲工作却是心怀愧疚的怪现象。劳动对某些女性来说是一件愧疚的事情,哪怕女性作为家中顶梁柱,劳动价值也很难得到认可。最重要的是,女性自己也无法摆脱"对不起"的情绪,或许是出于对孩子的爱和责任。

我也经历过这些情绪,离开孩子走上工作岗位是很不容

第 3 章 独立：找寻超越母亲的自己

易的。新生儿需要妈妈，学走路需要妈妈，生病需要妈妈，学龄期依然需要妈妈，整个世界都在朝你呼喊："孩子必须要有妈妈！"

孩子生活里所有的瞬间都需要母亲，孩子的需求只有母亲才能满足，所以母亲绝对不可以离开，只要这样的认知依旧存在，那么无论多么优秀的女性，也只能被社会淘汰。另外，持续输出这样的社会压力也不合理。

社会用极其顺然的方式向女性传达压力。偶尔有次被邀请上早课，这个时间点讲课的话，通常会被问到："孩子怎么办？您这么早就出来了。"或许是出于担心才这样问，但是我想，如果我是个男老师，还会问这样的问题吗？绝对不会吧。甚至有的学生还会说着"老师！孩子一定要生两个以上"。所有人都来给我的家庭规划做指导，这就是今天我们面临的现实。

一转眼，孩子读五年级了，很多事情可以自己完成，工作至今，有无数个矛盾瞬间。尤其是在孩子生病的时候，我会责备自己，突然有一天我想："我为了什么样的泼天富贵，要做到这个程度？"我错了，我必须摒弃这个想法。人，生来就应该劳动，任何人都在劳动，或在家，或在屋外。这样的理所当然不应该被质疑，就因为女性这个身份。孩子不能成为女性放弃工作的理由，这份责任应当由夫妻俩共同承担。

外出工作的女性并不特别，反而工作机会较少已经成了社会问题。女性工作的样子应该是很自然的。为了让我们的女儿在未来能够享受自由的劳动权利，请女性朋友们一定要去工作以扩大我们的天空，这是在为女儿的未来铺路。从现在起，我要停止问自己那个"为了什么荣华富贵才要这样"的傻瓜问题。工作是理所应当的，是男人和女人都应该做的事情。

当然，婴儿期的前6个月很重要，我曾以为在孩子3岁之前都应该重视。但是这段时间，我接触了不少新的理论，稍稍有了点不同的看法。我希望这能够帮助更多的职场女性获得心理上的自由。

在良好的环境里，爱与挫折、恶意的破坏以及修复循环着。通过这种循环，婴儿维持与所有对象的关系，形成自

第3章 独立：找寻超越母亲的自己

愈、调节破坏性、补偿自己的能力。

斯蒂芬·米切尔，玛格丽特·布莱克，

《弗洛伊德及其后继者——现代精神分析思想史》，

第174页，韩国心理治疗

孩子就是这样神奇的存在。我们认为的安全环境的前提是温暖的房子，美味的饭菜，有意思的游戏，干净的盥洗室。在我们提供的环境里，孩子们通过消失的母亲和出现的母亲即合并母亲的方式独立长大。当母亲消失时，他会感到悲伤和失落，但当母亲再次出现时，又会感到幸福和爱。在这样的反复过程中，孩子把坏母亲和好母亲统一在一起。所以，只要有安全的环境和良好的主要抚养人常伴，孩子就不会有问题。主要抚养人可以是父亲，也可以是奶奶或者职业保姆。

为了提供这样的环境，夫妻间的对话和协商很重要。实际上，双职工夫妇抚养孩子就像是一年365天，天天玩俄罗斯方块一样，出现空白必须要填补，填补空白的方块形状和节奏各有不同，这需要快速的判断力，否则游戏就结束了。

双职工夫妇时常会发生紧急事件，例如：孩子突然发烧

母女的世界：爱与憎的矛盾体

可保姆却来不了；明天孩子要带野餐盒饭，晚上12点才发现冰箱空空如也；孩子运动会当天两人都被安排出差……不顺又充满变数，这才是日常。

因此，双职工夫妻面对状况的时候必须团结一致，齐心协力去解决问题。对于所有的事情，夫妻俩必须经过谈判和妥协，两人在谈判桌上一点点地放弃自己的梦想和野心，同情对方日渐下降的体力，从而共同构建更加合理的育儿环境。夫妻可以通过妥协和谈判来分担责任。

● 这个周末你一个人带孩子的话，我就同意你买二手自行车。
● 这周我来接，但那部电影我一定要自己去看。

双方互换惩罚和奖励的机制让谈判继续，这就是双职工夫妻的宿命。夫妻俩只有长时间地感觉到公平，婚姻生活的不满才会减少。可是，许多夫妻都会犯这样的错误。

"算了，就我来吧。"
"我现在说句话都觉得累，能别让我一个人干活吗。"
看似避免了小辛苦，可最终会遇上大麻烦。假如一方在相当长的一段时间里过度付出，那么她的委屈会像回旋镖一样飞过来，所以请不要勉强自己。夫妻之间没有什么比一人持续性的胡闹更糟糕的事情了。

另外，谈判结果必须记录在案，使用备忘录或是共享信息的应用程序记录谈判的结果。如果彼此都太忙太累，口头协议会很快被抛诸脑后。人的大脑不管多高效，通常都会在20分钟后忘记40%的内容。因此，记录越多，纠纷也就越少。

- 周三幼儿园入园：爸爸
- 周四晚上陪看牙医：妈妈
- 周末必买：孩子室内拖鞋和自行车头盔

这样子把谈判结果记录下来并共享就绝对不会出现"我说过要去吗？怎么办？今天公司聚餐……"之类的胡说八道了。

家庭情感核心应该是夫妻

要铭记夫妻才是解决困难的主角,更是家庭情感的核心。夫妻是家庭的基本构成,只有夫妻成为家庭情感上的核心,家庭才能均衡发展。但由于许多现实问题,夫妻无法成为核心,只能将这个位置让给婆婆、丈母娘或是其他家庭权力者。夫妻成为核心意味着在这个家庭里发生的所有事情都将按照他们的意愿处理,责任也由他们承担。若是因为抱歉、看脸色等,将核心位置让给丈人丈母娘、公公婆婆的话,可能会酿成家庭关系错综复杂的悲剧。

例如,关于是否给5岁孩子报名钢琴补习班,一般从夫妻二人的经济状况,孩子的喜好、孩子玩耍的时间等方面出发,这样的考虑是可取的。但如果抚养孩子的主要角色是婆婆或丈母娘,那么夫妻俩就很难爽快地做出决定。尤其是婆婆或是丈母娘,她们嗓门大,有一定经济实力,夫妻俩会更容易失去家庭情感的核心地位。

但要记住,照顾孩子和对孩子的最终责任是两个截然不同的事情,这一部分不可以混淆。

第3章 独立：找寻超越母亲的自己

如果夫妻不能占据家庭养育者的主要位置，那么就会出现这样的情况——这是我们家但又不是我们家，孩子是我们的但又需要老看爷爷奶奶的眼色。奶奶说不能让孩子的肚子吹一点点的风，那么孩子就得穿反映这样的保暖意识的裤子，虽然母亲看了会有些抵触，可还是得迎合主要养育者。在给孩子报钢琴补习班和确定睡觉时间的问题上，又有不同的说法。关于生活习惯的问题，主要养育者更倾向于方便自己，但在孩子的价值观和家庭信念问题上，夫妻一定要成为核心，掌握主导权。这是一种态度，不将非必要的负担转嫁给主要养育者。

沟通过度可能会增加发生纷乱的可能性。但如果夫妻一直占据情感的核心地位，从长远来看，反而会让每个家庭成员都能找到自己的位置。因此，不要独自烦恼，要积极地拉拢丈夫，让他成为解决家庭内部问题的主体。

母性的表现形式多种多样，做饭给孩子吃固然是一种表现，但把工作中关于社会生活和人际关系的小插曲或是经验传授给孩子，这也是一种母性的表现。围着围裙的母亲和蹬着高跟鞋的母亲给予孩子东西的形式虽然不一样，但归根结底还是母性，所以也没什么不同。围着围裙的母亲用芥菜饭

母女的世界：爱与憎的矛盾体

给孩子了留下热气腾腾的饭桌记忆，蹬着高跟鞋的母亲则和孩子一起点外卖，给他讲关于餐饮行业的故事。母性以各种各样的方式传递给我们的孩子。

如果你是职场妈妈，那么请你扛住社会压力，因为我们的努力不是为了荣华富贵，而是为了继续生产。人应该工作，仅此而已。所以希望大家放下愧疚，因为你的母性正随着你的高跟鞋一起乘坐在满载的地铁上。

愤怒背后的真实情感

有一天孩子对我说,从上周开始就感觉妈妈变得很敏感、很奇怪,生气的时候碰上其他事,还会对其他的事情发脾气。孩子觉得很害怕很伤心,说着说着哭了起来。虽然孩子认为一直和蔼的妈妈不一定就是好妈妈,但他最近总因为其他的事情挨骂,晚上独自看着绘本,孩子想:"我做了什么吗?可我并不觉得自己做了要被骂的事情呀。"被妈妈训的时候,孩子就更伤心了,总是在哭,所以才说了这些。

从这么小的孩子嘴里听到这样的话,我很迷茫。唉,这是多么令我愧疚的事情。我接受了孩子的批评,并为我的不成熟向他道歉。在孩子的眼里,世界的真相从何而来,又去往何处?有的时候孩子跟活了两辈子似的,像个不出声又最

母女的世界：爱与憎的矛盾体

了解母亲真实状态的犯罪心理分析师。

那天听完孩子的话，我陷入了沉思，嗯，我的确是这样子的。面对琐事我会发脾气，累了会发脾气，委屈了或者饿了都会发脾气。累的时候说累，饿的时候说饿，其实这样就可以了，但我不，我选择找茬和发脾气。这是值得深思的问题，我想很多母亲都有过这样的经历，累了或是疲倦的时候，不说"我累了""我乏了"，把想表达的重点用发脾气来代替。

我今天连午饭都没吃，现在感觉要晕了，先吃个杯面再说吧。（O）

却说：

我怎么知道东西在哪里？我是这个家的管家吗？气死我了，餐桌上的又是什么？我说了要把吃好的碗放水池里。（X）

实际上想要表达的是"啊……我饿死了，可没人知道。"

第 3 章　独立：找寻超越母亲的自己

再比如：

老公，我们老幺发烧，我三天没睡觉了，又碰上月经期，实在太累了，我睡三个小时就好。（O）

可是相反的：

吸尘器才开了两小时，在干什么呀？你看不见灰尘吗？老花眼了？真是烦死了，玩具就不能好好理一下吗？当心我全扔了。（X）

其实想表达的是"我好累，我也需要关心和照顾"。
为什么她们不能真实地表达自己的想法，总是不耐烦跟生气呢？让我们来聊聊那个著名的"火病"吧。（火：指的是发火、生气的意思）这个病给我最大的冲击就是我发现住在巴黎或是纽约的人不容易得，这是韩国独有的本土疾病。火病是指愤怒综合征，即由于无法及时表达负面情绪而引发的心理疾病，主要患病群体是韩国女性。所以，还有人会戏称我们是"火病民族"。

母女的世界：爱与憎的矛盾体

要想了解一个人的心理和情绪状态，观察他的周围环境和脉络是很有必要的。因为个人问题是不可能脱离其所在的文化、历史、团体而独立存在的。所以当我们指出母亲存在不能成熟地表达生气情绪，具有攻击性、压迫性倾向等问题的时候，若想了解其中的原因，除了梳理她的性格、成长经历、生活中发生的重大事件，被称为成长背景和脉络的社会文化的特殊性也不能被排除在外。

因此，拥有火病这一特殊疾病的韩国女性想要很好地表达负面情绪是一件非常困难的事情。每个民族都有各自的精神遗产，几年前我看过一本20世纪30年代非洲画家的画册。书中有这样一个故事：当时一名欧洲记者正在非洲部落采访，记者通过观察发现，部落里的人在结束了一天的辛苦劳作后，还会聚在一起唱歌跳舞，度过美好的夜晚。在这位欧洲记者看来，这样的行为既无利又非常不合理，于是他问道："你们已经干了一天的体力活，都这么累了，晚上为什么不赶紧去休息，反而要聚在一起唱歌跳舞，继续消耗精力呢？"（这是个欧洲记者式的提问）部落里的人这样回答："身体自然累。但我们聚在一起唱歌跳舞，又获得了明天继续干活的力量。"

第3章 独立：找寻超越母亲的自己

韩国的精神遗产与之截然相反，我们是一个内敛的民族，受体面和两班（贵族）文化的影响，我们习惯在生活中收起情绪，尤其不允许轻易表达负面情绪。男人一生被允许哭三次，可女人却只被允许心存恨意，因为女人哭意味着家破人亡，她们长期遭受这样的不公和委屈，犹如六月飞雪，令人唏嘘。这样的精神遗产代代相传，疏离感、疲劳感、忧郁、悲伤，这些情绪没有被清晰地感知到，而是被适当地压抑着，就像高压锅里的蒸汽，嗞嗞冒着，引而不发。

在压抑的精神遗产的影响下，只有极少数人会清晰表达、消化自己的愤怒与悲伤。不要过分责怪自己，不善言辞又如何，那也不需要把匕首插入自己的胸膛。从现在开始摒弃它，好好努力，开始新的人生。

除此以外，放眼全球，在表达负面情绪这一点上，女性显得更为束手束脚。某天，我在书店里看到一本书，5秒不到就决定买下，因为书名深得我心。

在表达愤怒之前，我们已经学会很多。生气会让我害怕被别人拒绝，因为担心必须改变的那个人是自己，从而需要压抑心中的怒火。或许你会这样问自己："我生气合适吗？"（省略）愤怒是我们感知世界里一个非常重要的情绪，它有存在的理由，应该被我们时常关注和尊重。我们有感知"所有"的权利，愤怒也不例外。

哈丽特·勒纳，《愤怒之舞》，
第22-23页，布奇

由此可见，女性不擅长学习、认可和表现愤怒的情绪。因此当愤怒涌动时，它会被看成不速之客，被认为是不好的，只会留下痛苦，怒火中烧更会让自己被强烈的负罪感包围。因为愤怒化为利剑，刺向了最亲近的人。

我们的母亲出生在一个"火病民族"里，她们没能学会承认、处理、表现愤怒的方式，也无法教给女儿。因此，即使是现在，我们也只能通过自主学习寻找答案。

1. 接受愤怒是一种自然的情感

虽然做出过激行为来表现愤怒是不可取的，但生气或是愤怒，这样的情绪本身是没有问题的。人们总是称赞道"哇！你好像是个天使"难道不奇怪吗？明明是人，却要做

个天使，生气的时候发火，这多么正常。作为我们感知世界里的一部分，愤怒是一种自然现象，就像我们会感到快乐或悲伤。

2. 去寻找愤怒背后的真实情感

就如悲伤戴着愤怒的面具，孤独披着烦躁的外衣，去感受真实的情绪吧。这些都是我的情绪，谁都没有资格指责，连我自己都不可以。

3. 暂时离开愤怒的地方

砸东西、指责、谩骂、与长辈争论，话赶话到最后动了手，愤怒停留在大脑的时间最长约为12分钟。也就是说，当你心里默念三遍"忍耐"可以避免冲动杀人的时间是12分钟。因此，极度生气的时候，暂时离开12分钟，你会发现难以置信的愤怒逐渐散去。怒气本身不是错误的情绪，可是因此而出现的破坏性行为就另当别论。特别生气的时候请试试暂时离开12分钟吧，可以走走或是喝杯水透透气，感受一下是不是跟刚才不一样了。

4. 不要把情绪和需求区分开来

就这样把内心深处摇摆的情绪原原本本地说出来吧，接着说的是你想要的。例如，"我太难过了，我想一个人待一小时"。或者是"我感觉被排斥了，谁能来我身边坐坐"。

5. 关注孩子的情绪

孩子生气或是顶撞你的时候，先别着急说"怎么这么没礼貌！"要纠正他，应该先了解他感受到的和想表达的情绪，然后承认他。

当孩子对弟弟说"想死？"之类的脏话时，妈妈会说："怎么能在弟弟面前说死不死的，你在外面都说脏话了？"在质问他之前，要不先接受孩子是"气急了才会提到死，才会骂人"的事实吧。

6. 教孩子消气的办法

请告诉孩子,"生气都是有原因的,这是你的情绪,也是非常重要的情绪。但是,生气和表达必须分开看待。"也就是说,要告诉孩子生气这件事本身没有错,因为生气砸东西、骂人或是说脏话是错误的。前述第3点介绍了让孩子消气的方法。

气急的时候,如果没办法意识到"因为谁这么生气""因为什么让我如此气愤",那么我们会变成这样:生气了就把怒火烧向严厉的长辈,攻击比自己弱小的人,又或者是伤害亲人和孩子。失去方向的愤怒只会不断烧尽我们内心的幸福和平和。

显然,愤怒是必要的,对不公的愤怒会使社会趋向于更加美好的一面。只有努力让愤怒找到自己的位置,我们才能成为更加自由的存在,孩子才能更好地处理负面情绪,逐渐向心理成熟的状态转变,从而建立更好的人际关系。

该生气的时候才生气,和动不动就大发雷霆、拿孩子出气的妈妈是完全不同的类型。切记,适当的愤怒能让火气散去,但习惯性的愤怒只会耗尽我们的爱。

鞭子，打的是爱还是情绪

妈妈不会经常打我，不过每隔几年会打我一次，有三次挨打我至今难以忘记。一次在路上，我顶撞了她，然后挨了一记耳光。一次因为玩擦车的麦秆弄得跟下雨天尘土飞扬似的，还有一次是我用惊人的爆发力接住了她扔过来的锅垫。很可惜，这三次挨打都发生在我浑身带刺的青春期，这让我们原本就很微妙的母女关系想好也好不起来，隔阂越来越深。

偶尔我会静静地思考从前母亲体罚我的意义，得出的结论是她在情绪失控时就会打我。当她的夫妻关系或是人生里充满了难以承受的情绪时，我的某个行为或某句话就成了她情绪爆发的导火索。就这样，母亲把受伤的自尊心和对人生

第 3 章　独立：找寻超越母亲的自己

的哀怨化为鞭子打在了我的身上。也许出于这个原因，体罚给我留下的不是管束，而是母亲的悲伤、遗憾、压力等等。虽然我像个模范生，但我擅长冷嘲热讽，顶撞母亲，这个时候她就会用流行语怼我，当我反抗时母亲好像会有这样的想法。

"真吃力……为什么我要独自抚养这么敏感又麻烦的孩子呢？"

"一切都是乱七八糟的，我的人生怎么变得这么白痴？"

"暗无天日，以后该怎么活？"

"我的人生完了！"

"都怪那个男人。"

基本上，当母亲承受不了时，隐藏在母亲内心深处的伤痛文学就会涌现。她感觉被孩子忽视，怕自己不够称职。我认为这一切从她和父亲的纠缠开始，母亲的鞭子包含了她所有的情绪，我用身体承受着一切，包括她的委屈、怨恨、羞耻和后悔。

母女的世界：爱与憎的矛盾体

体罚真的有效吗

如果有被妈妈打的经历，读者可以试着回想一下。还记得挨打的原因吗？很多人记得被打的场面，为什么挨打却想不起来。

爱罗小的时候，母亲一生气，她就会挨揍。不单单是母亲，父亲生气的时候也一样。爱罗还有两个姐妹，三人一旦做错事就要挨打，频繁的体罚是父母对她们的管教。三姐妹中，爱罗是挨打最多的那一个，成年后她这样描述自己被打的经历。

真的被打了很多次，为什么被打，却一点都想不起来。我只记得我被打了。现在我也有了孩子，有时我会想——"得打吧？非要这样吗？"母亲应该也怀着这样的心情吧。当然不是说打我是对的，只是在想，如果想获得真正的自由我就应该原谅她。所以我对母亲说：

"妈妈，小时候你打了我这么多次，现在我原谅你了。不是说你打得对、打得好，当时你太过分了，不过我原谅你

第 3 章　独立：找寻超越母亲的自己

了。"

然后母亲说："我什么时候打过你了？"是因为不好意思所以才否认的吗？还是说根本就不记得这些事情了？我希望是哪一个原因呢？挨打时的疼痛、委屈、羞耻历历在目，但我想不起来为什么被打，母亲撒谎说没有，干脆说有些事情想不起来了……真是无语，那我为什么被打呢？我是出气包吗？我的脑海中只剩下那段被打的不堪回忆……

跟爱罗的经历一样，比起反省和管教，很多体罚只会给孩子留下不快。人类的大脑会长时间保存记忆，尤其是负面情绪相关的内容，挨打时的感觉与负面情绪一起保存下来，至死难忘。这话是什么意思呢？简单来说就是体罚没有管束的效果。母亲作为人，一个感性的人，发脾气的时候会背弃情感。通过体罚来纠正孩子行为的说法是不对的，我强烈反对教育缺失下单纯发泄情绪的体罚。我不相信孩子会在棍棒之下真心悔过，并从此走上康庄大道。孩子比我们想象的还要有韧劲、正直，是更有谋略和智慧的存在。打孩子也许会在某一瞬间起到压制的作用，但你认为棍棒之下出人才？难说。

母女的世界：爱与憎的矛盾体

对于体罚的必要性和作用，每家父母都有着各自的见解。还有人认为"背部扣杀"也是种爱。无论站哪一方都值得我们思考。这里我引用了这样一段文字：

许多支持体罚的人主张孩子不乖就应该用打的方式来教育。这种古老的理论将对劣等对象使用以纠正为目的的暴力正当化。然而很多经验性研究指出，体罚起不到教育性的作用，反而将暴力的种子埋在孩子心底，歪曲他们的人性，给孩子们带去的不是反省，唯有恐惧。

"受伤、恐惧、伤心、胆怯、孤独、悲伤、盛怒、被遗弃、被忽视、生气、厌恶、可怕、丢脸、悲惨、震惊。"

这些孩子们对"体罚"的记忆，是2001年英国儿童救助会针对孩子们挨打时的感受整理记录下来的。孩子们用了40多个形容词，但没有一个孩子提到"抱歉"或"反省"。这反映了体罚不仅达不到任何的教育效果，还会在情感上给孩子带去巨大的伤害。父母管教性的体罚因为出于善意，所以被认为不会伤害孩子身体的完整性及尊严的主张，实际上只是以父母为中心，以成年人为中心的辩解罢了。

金熙京，《奇怪的正常家庭》，第28-29页，东亚

第 3 章 独立：找寻超越母亲的自己

由此可见体罚的效果是负面的。讲到这里，很多人又会说，"孩子说了不听啊！"因为说不通所以才打。打了，孩子才会注意力集中，这个观点很特别。为什么口头上的教育会毫无效果？认为自己的孩子是个"用道理讲不通的"存在，这难道不应该是家庭的耻辱吗？讲道理解决不了的问题，原因在孩子，还是在说不过他们的成年人？我认为关键在于后者。如果父母从小就用武力压制他们，孩子当然会越长大越不听话。因此父母应该学习如何更有耐心地给孩子讲道理。很多父母之所以选择动手，是因为他们把讲道理与体罚之间的"发火临界点"定得太低了。"临界点"在 NAVER 语言词典里的定义如下：

"物质的结构和性质发生转变时的温度和压力。"

说话与动手之间的那个点就是所谓的临界点。在管教孩子的时候过低地设置临界点意味着什么呢？意味着一开始就把用道理来说服和教育孩子的时间定得太短了。一两句话刚说完，看孩子仍不服气就扇耳光。有时不管前因后果，先打一顿再听孩子的解释。在这样的情况下，临界点就是这"一

187

两句话",或者说有的父母根本就没有设置临界点,可能这样表述会更准确。临界点定得过低,管教就会失败。请把讲道理的时间,拉得长一点,再长一点。

人类是多么精妙的存在。孩子们会做出顶撞、逃课、考试期间去练歌房等父母们无法忍受的荒唐行为。促使他们变成这样的原因复杂多样,父母应该去解开这乱成一团的毛线,从而了解真正的原因,而不是索性一剪了之。

我以前有解开过毛线团的经验,这工作可不简单。我的奶奶很会织毛衣,偶尔会扔一团乱七八糟的毛线给我解。我看着它就犯愁,"啊……我要看漫画……"不过我会深吸一口气冷静下来,因为我相信只要下定决心就会获得力量。先找个舒服的地方坐下,心情放松,找最开始绕在一起的地方下手,解开了再找下一个再解,就这样慢慢搞定了。虽然偶尔会有剪断的冲动,可那样子的话线团就散了,所以还是得有耐心。我边解边擦额头上的汗,中途再喝口凉水,直到事情结束。管教孩子不就是这样的过程吗?情绪上的爆发和武力压制是不可能实现管教的。

在孩子10岁的时候,我怀揣着"这孩子怎么就这么叛逆,何时才是个头"的心情,和他促膝长谈了一次。那天我

第 3 章 独立：找寻超越母亲的自己

们聊了足足有两个半小时，实际上我没有说什么，大部分时间是在听孩子说委屈的心情、这样或那样想的理由，只是偶尔我会插嘴问几句。老实说，中途有三次我差点忍不住想要大声叫喊，有两次想要摔门离开，还好我忍住了。在这两个半小时里，孩子讲述了对我的遗憾、谴责、理解、原谅和希望，等等。我像是听了5个小时的《沈清歌》（以沈清传为题材的韩国清唱）。因为孩子没有很好地梳理自己的情绪和想法，他需要充分的时间来表达。这是让他学会表达的方法。孩子们正在长大，忍耐应该是成年人的事，耐心的对话是管教孩子的基础。

还有一次，孩子给家里害怕的人排了个名。第三名是照顾他的保姆阿姨，第二名是我，第一名则是父亲。最害怕父亲的理由是因为父亲会对他说："过来！我们聊聊！"保姆阿姨只是唠叨，可以左耳朵进，右耳朵出。我呢，会说"喂！"然后事情就过去了。父亲说要聊聊，是会把他带进房间，问很多问题，而且对话只会在问题真正解决后结束，所以在他看来父亲最可怕。

管教孩子像不像在解乱成一团的毛线？拿到线团的时候，首先要做的是找个位子坐好。如果随便站着就想尽快解

母女的世界：爱与憎的矛盾体

开，肯定不会如愿。心急如焚的时候手指也会不听使唤，这时就会想："唉，干脆剪了得了，什么啊，怎么又绕一起了。"如果说平静地坐着去解乱成一团的毛线是提高临界点、冷静管教孩子的过程的话，那么着急忙慌最后一剪了之的行为就可以被看作是一开始的临界点就定得很低、最后以体罚孩子来结束的过程。

对孩子动手之前该做的事情

孩子也是人，是一个幼小的存在。孩子们知道的事情比我们想象得多，他们会思考、感知和记忆。他们出现怪异的行为都是有原因的，有个5岁的孩子，遇到不开心的事情或是对母亲依依不舍的时候，就会嘟着嘴说："妈妈，和我喝杯茶聊一聊吧。"一个5岁的孩子居然说出这样的话，实在是太可怕了。这说明什么？说明孩子需要沟通，需要对话。对话是习惯，也是需要练习的。武力解决问题的父母必然会给孩子留下恨意，但讲道理的父母留下的会不会是尊重和爱呢？如果你是个容易动手的妈妈，希望你能想想以下几个问题。

第 3 章 独立：找寻超越母亲的自己

关于体罚孩子的问题

1. 我打孩子合适吗？
2. 小时候挨的打给我留下了什么？
3. 忍不住打孩子的那一刻，我是怎样的情绪状态？
4. 带着极度愤怒的情绪打孩子是真正的管教吗？
5. 我对孩子的临界点是不是定太低了？
6. 我和孩子聊过哪些？
7. 体罚对我和孩子的关系有什么样的影响？
8. 孩子被打时有什么样的感受？

如果说决定再也不打孩子了，那么请为上一次的体罚道歉吧。孩子们时时刻刻都在分心，做出不可理喻的事情也是理所当然，因为他们正在长大。荒唐的行为让我们"火冒三丈"，可这不能成为打孩子的理由。如果孩子们给了我们当头一棒，那么请暂时离开。通常情况下，愤怒在12分钟后会平息，等它燃烧殆尽，我们就恢复正常了，这样就可以跟孩子谈论"所做的错事"。愤怒情绪的表达对孩子没有任何益处，父母子女的关系也是人际关系的一种，不要以"我"的方式来要求孩子，绝对不要把工作上的烦心、夫妻间的矛盾、经济上的苦恼等转嫁在孩子身上。别忘了,那些原本就是我们自己的事情。

性教育的重要性

孩子7岁那年,在游乐场听到村里的姐姐们在聊月经。

"啊,我今天不能玩跷跷板了,屁股上流血了。"

"你今天姨妈来了吗?啊,真的吗?那是不能玩跷跷板了。"

那个让姐姐们不能玩跷跷板了的完全听不懂的病到底是什么?血……流血了……太可怕了。孩子回到家将听到的这些诡异事情说给父亲听,问道:"爸爸,你知道吗?听说女人的屁股会流血。那是什么?真的吗?"

丈夫被孩子突然提出的问题吓得跟地震了似的朝我看来,对我说:"老婆,你过来一下。我想这个问题你来回答比较好。这真的是……"

母女的世界：爱与憎的矛盾体

老实讲，那个时候说我不慌张是骗人的。孩子提出这个问题的时间比我预想得来得更早，感觉与"妈妈，我从哪里来的？""妈妈，你是怎么生下我的？"类似的问题不太一样，虽然本质上没有什么区别，可那天我慌了，原来孩子在成长过程中接受了这么多的信息，而我们作为父母却落在了他们身后。

我很难接受可爱的宝宝（虽然早就不是宝宝，他已经是个小小少年了）这么快就对性产生如此浓厚兴趣的事实，尤其我还是个对失落极度敏感的人，知道不该叫宝宝，可还总是这样叫他，我的宝宝竟然开始问我屁股流血的事情了……

"妈妈，你知道宝露露有几个小伙伴吗？""妈妈，你知道可可梦就是香肠吗？"曾经这么可爱的问题，突然变成了"女人屁股流血"之类的问题，跨度如此之大。怎么说呢，有点伤心，是一种失落吧。我的孩子是一个小小少年了，开始知道性的存在了。喂他吃饭，给他穿衣，哄他睡觉，给他洗澡，一想到这样的阶段已经过去，进入了新的陌生阶段，就有点讨厌，我出现了轻微忧郁的情绪，"现在，不是小baby了……"

但现实总是那么残酷，不合时宜的感性必然会把事情搞砸。对孩子来说,这是个非常重要的问题,作为母亲必须好好应对,我只能接受这个事实,回答他并做出正确的引导。

"嗯,宝贝呀,我们来聊聊女人屁股流血这件事吧。"

那天,关于"女性生理期"的话题我们聊了很久。谈话之所以持续了这么久的事件,是因为孩子不断地提问。他的问题有这些:

血是只流一次,还是一直会呀?

多少天里会流呀?

所有女人都会这样吗?

所以我认识的女人都会这样吗?

我的老师、姨妈,还有二奶奶都有生理期吗?

这样子一直到死吗?

每次流多少血呀?

流血会疼,所以生理期也会疼吗?

妈妈你穿尿不湿吗?

你是一直穿着,还是像我小时候那样中途会换呀?

可是为什么会流血呢?

我们班女生也会吗?

母女的世界：爱与憎的矛盾体

天啊，孩子是一本"十万个为什么"吗？如此详尽，包括所有的细节，而且问得非常真诚，就像问我"妈妈，天上为什么会有云？"那样，好像在学习接收世界上存在着的某种真相。孩子问得很自然，就像在问"1+1"这样的数学题，是为了学习才问、才听。

这件事之后，我发现孩子非常需要实质性的性教育。和丈夫商量了一下，我们决定给孩子找个专门的性教育学习班，定期学习性知识。关于性教育的学习是有实质性成果的，孩子接受性教育后，即使电视里出现接吻的画面，也不会奇怪为什么有人突然站起来去洗手间了。生理期的时候，我还会得到儿子无微不至的照顾。

性教育启蒙后，孩子会很自然地跟我谈论学到的内容，还曾说过这样让我震惊的话。

"妈妈，老师在课上说，精子是给心爱的女人的。我想了想，妈妈就是我心爱的女人，我要把我的精子给你。"

"（继屁股流血之后的第二次冲击，冷汗）啊……原来如此。那个……虽然很感谢，但我好像不能接受。理由是这个那个的……"

"妈妈，我没办法想象，不管有多喜欢，互相脱掉内裤

第 3 章　独立：找寻超越母亲的自己

躺下这有点……我做得到？我没有自信……"

"别担心，等你长大了自然而然就有这个能力了，所以不用担心得这么早。"

"妈妈，为什么我没有弟弟？你要跟爸爸做爱呀。"

"好的。这是我的事情，我会看着办的。"

儿子的问题就是这般新颖，也许很多孩子有着跟他一样的好奇心，关键在于如何适时地去刺激、引出和填补它。有些父母是这样看待性教育的。

"孩子还很单纯，有必要刻意提前告诉他，让他对性产生好奇吗？误入歧路了怎么办？"如果学什么就对什么产生强烈的好奇心并深陷其中的话，那我们应该都是诺贝尔物理学奖获得者。难道学数学就能成为数学家，看书就能变成小说家吗？有这种想法的成年人也许本身对性就有着扭曲的看法和偏见。性，只是一种知识，就像我们教孩子要在不同的季节穿不同的衣服，好好洗手才能洗掉病毒那样，性也是可以原原本本地教给孩子的生活常识。大人教得自然单纯，那么孩子自然也会学得单纯。

我还遇到过这样的父母。

"我还没有给他买智能手机，他应该什么都还不知道吧？需要开始教了吗？"

　　真是单纯的父母啊！孩子真的什么都还不知道吗？孩子难道只生活在我们想象的半径中吗？孩子有自己的社会圈，这个社会圈由学校里的朋友、补习班的哥哥、小区里的姐姐们组成，这就是他们的"社会生活"。圈子里的某些人接触到了扭曲的性信息，然后其中的某一个人与学校里的朋友、补习班的哥哥、小区里的姐姐分享奇妙的"信息"。在只属于他们的空间和时间里，孩子们就这样分享着和接收着各种信息，形成了随意的性价值观。

　　孩子会本能地认为把今天的所见所闻告诉父母会对自己不利，会让自己的生活变得疲惫。就这样，本应该分享的事情变成了秘密，父母在什么都不了解的情况下就会说"孩子还不懂！"这句天下太平的话。实际上并不是孩子们什么都不懂，只是父母们不知道。不是说要让父母怀疑孩子，而是不能对现实生活中可能出现的情况置之不理，错过最佳的黄金时间，"N号房事件"[1]不就是这样吗？一旦形成了扭曲

---

[1] 韩国社会热点事件，指通过社交平台建立多个秘密聊天房间，将被威胁的女性（包括未成年人）作为性奴役的对象，并在房间内共享非法拍摄的性视频和照片的案件。2020年3月22日，韩国警方已对涉案的共犯13人进行立案。——译者注

的性价值观，就会带来可怕的后果。

分享不适合孩子接触的视频需要多长时间？两天一夜？还是24小时？不，5分钟就够了。游乐场的角落里、补习班的楼梯间、便利店旁的小巷子，都可以分享，然后5分钟就足以改变孩子的世界。接受孩子成长道路上性的存在吧！成为可以谈论性的母亲，让孩子关于性的世界观变得美丽又坚强。每当这个时刻来临，请祝福和鼓励孩子。在他们接触到外部扭曲的性价值观之前，父母应该先站出来，占得先机很重要。

成为对性坦荡又自然的母亲

月经初潮的时候母亲给我买了礼物。一个礼盒，里面放着生理期内裤，包装精美。母亲说："现在要更加珍惜身体。"她将礼盒递给我，并详细地介绍了卫生巾的使用方法。那是我对母亲仅有的几个美好记忆之一，至少在我成为女人的那一刻，我感受到了来自她的支持、鼓励和祝福。因为成功地迈出了第一步，所以性对我来说不再意味着耻辱和羞愧，性是美丽、崇高、充满人性的存在。在学习珍惜自己身体的同时，也应该珍惜他人的身体。

某化妆品品牌曾推出过名为"高潮""深喉"的产品，相当受欢迎。某天，我的朋友和她的母亲一起来到化妆品柜台，朋友对柜姐说："让我看一下高潮和深喉。"朋友的母亲吓了一跳，十分惊慌地说道："不是！这是什么意思，这是化妆品的名字吗？你小声点！"听完我们哈哈大笑："妈妈你也太可爱了！"性方面的谈论和表达，对母亲这一辈人来说是极其地不自然和羞耻，怕被人听见需要屏住呼吸的尴尬存在，她们没能摆脱这样的束缚。要母亲们在百货商场里说出"高潮""深喉"这两个词，就跟把国家机密泄露给敌方一样困难。

可是时代变了，很多事情都不一样了。希望母亲这一代也能追上潮流，对性坦坦荡荡，自然地与子女分享性的故事，毫不犹豫地将更美好、更自我的性价值观作为精神财产留给孩子们。许多父母都希望成为孩子学业和前途里的领路人，对性却不这样看。但是你必须成为一个对孩子的性价值观有着神圣影响的母亲，因为你所讲述的关于性的故事将给孩子创造一生的性世界。

我绝不重蹈母亲的覆辙

"唉,你啊,等生个跟你一样的女儿,你就知道了!"每当因为女儿难过委屈的时候,母亲们总是会这句话。可女儿们未必这样想。

"真搞笑,我才不会是你这样的妈妈呢。"

母女关系也是一种人际关系,在复杂又强大的自我能动性的心理作用下,母女关系显得密不可分。夫妻之间尚且可以分道扬镳,可母女关系却难舍难分。

母亲希望成为自己女儿心目中的好妈妈,也同样渴望能够得到女儿的认可与爱,女儿亦是如此。但爱不是想当然,所有的爱都交织着这样那样的误会与伤害。尤其是,当你没有充分得到你想要的爱的时候,你会开始怨怼这个你曾满心

母女的世界：爱与憎的矛盾体

期待的人，两人的关系随之变得复杂艰难起来。"爱的迫降"不仅仅只存在于男女关系，母女之间也会上演这样的"迫降"。

淑妍正在体会母亲这个角色的"迫降"，我们来听听她的故事。她有三个孩子，是位温柔体贴，体力很棒的妈妈。温柔体贴的前提是良好的身体素质外加与生俱来的善良，二者并存，才能游刃有余地照顾好三个孩子，成为大家眼中"元气满满的妈妈"。更甚，她几乎不让孩子们在外面吃饭，坚持为孩子准备便当，直到中学。她就是这样一位伟大又能干的妈妈。当然，她热衷文化生活，闲暇之余会去博物馆、植物园转转，偶尔看场电影。博学多识的她，对生活中的日常也都了解一二。

可就一点，让她体会到了"迫降"，就是不带孩子，独自出去住一晚。哪怕跟朋友们相约旅行度假，她也无法轻易离开，因为总有这样的念头——我人是离开了孩子，但我的心没有。有的时候，她干脆带上孩子们一起去。享受自由的24小时，对她来说是难以想象的奢侈，她的双脚时常会被牢牢地禁锢在原地，因为孩子而产生深深的负罪感。

又不是去赌博，也没有去夜店蹦迪，只是跟朋友点份炸

第3章 独立：找寻超越母亲的自己

鸡，喝点啤酒，聊上一夜罢了。可是与孩子们的分开让淑妍感到非常吃力和抗拒，强烈的罪恶感与分离焦虑将她团团围住。她意识到这种情绪不一般，孩子们总会长大，很快就会与她分开。到那个时候，她可以接受吗？为什么她不能与孩子分开？孩子们迟早会离开母亲的怀抱，她还剩下了什么？她能忍受一个人吗？

进入中年，淑妍开始想了解自己。虽然生活很美好，孩子们也不错，但每当想起与孩子们的分离时，她的心就像挂了个秤砣般沉重。她很想知道是什么原因让她的心变得如此沉重，步入中年后，这个秤砣更沉了。她试过心理咨询，也参加过聚会，一边读书一边探索自己到底是怎样的一个人。

淑妍是家中三姐妹的老二，和其他家庭一样，二女儿的生活并不轻松。生活中，她每一瞬间都在经历大大小小的心理斗争。原本是家里老小，可突然有一天变成了姐姐，一个"小不点"荣登父母最喜爱排行榜第一名。如果不集中精力争取，可能就买不了新的运动鞋，如果斗志过于昂扬，可能会被姐姐和妹妹叫"讨厌鬼"，所以为了确保地位安全，老二总是要装作内心平和的样子，演技还得自然熟练。

不仅如此，淑妍的老二生活更加艰辛。5岁时，因为家

母女的世界：爱与憎的矛盾体

境贫寒，淑妍被送去乡下的奶奶家寄养。她也不知道具体待了多久，只记得回来时勉强站在学步车上的妹妹对她说："你不是我的姐姐。"竟然说得还挺明白。据此推算，她估计分开了大概一年六个月。随后家境越来越好，就再也没发生过寄养的事情。她一辈子都无法忘记当时被抛弃的感觉，当她尝到抛弃的滋味时，她说我太害怕了。与孩子分开时感受到的混乱情绪或许正是来自她小时候经历过的挫败感，所以淑妍害怕分开。

中学时期，淑妍听到了关于自己出生的事情。原来在她之前，还有个哥哥，只是死了。她的出生承载着父母对儿子的渴望，可惜她是个女儿。听到这件事，她陷入了自我怀疑，"为什么小时候留我一个人在那儿！""为什么是我被寄养在奶奶家，而不是姐姐或妹妹。"原本还想不明白，这一刻她明白了，原来我还有个死去的哥哥。因为是女儿，所以被独自留在乡下，无论这个想法是否真实，对淑妍来说，这就是正确答案。她说那时候可以用"替补人生"来形容，她是父母原本就不盼望、完全不受欢迎的存在，有需要就可以把她一个人留在乡下。

从那个时候开始，淑妍总觉得是在代替哥哥生活，自己

第3章 独立：找寻超越母亲的自己

一无是处。高中时父亲想送她去读护理学校，那时淑妍说："我真的是哥哥的替补啊。因为爸爸没儿子，没法送他去服兵役，那就送女儿去读卫校，也能代替这份遗憾。"虽然后来淑妍发现父亲是因为当兵时爱慕过护士长才会想送她去读护理，并不是代替儿子的遗憾。只是帅气的护士长形象深深地印在了脑海中，父亲也想有个这样的女儿罢了。（父亲，如果是这个原因，为什么不早点告诉我……）

说着这些故事的时候，淑妍发现她喜欢编织、缝纫以及二手物品交易，可能也是出于这个原因。毫无用处差点被扔掉的衣服，经过缝制又找到了新的用途。毛线也可以变成漂亮的衣服。毛衣是小的时候淑妍感受母亲爱意的唯一通道，每当她穿着母亲织的毛衣出门，人们都会夸赞她："妈妈给你织的毛衣这么好看呀！"在那一个瞬间，她觉得自己不再是被遗弃的那一个。淑妍说每完成一笔二手物品的交易，她都会觉得很开心。这些东西都不会被扔掉了，对别人来说它们又有了价值，看着网站上售出的一件件二手物品，淑妍感觉自己给它们带去了新的生命。

淑妍讲述着自己的故事，当发现与孩子分离时产生的过度负罪感来自于小时候的情绪时，慢慢地她找到了自由，也

205

母女的世界：爱与憎的矛盾体

不再被过度的情绪所左右。

渴望被母亲爱却被单独寄养的淑妍不希望自己的孩子也尝到被抛弃的滋味，所以哪怕暂时离开也是战战兢兢的，她一直尽最大的努力守护在孩子们的身边。通过编织、缝纫、交易二手物品，淑妍抚慰着自己的人生。在对自己有了一定的认识后，她这样说道。

我曾经以为，"我的故事是个秘密，它是可耻的，不能随便说出来。"但我发现并非如此。说出来了以后才明白这不是什么可耻的事情。别人在听了我的故事后说："你一定很辛苦吧。发生了这样的事情，你都还是这么好。"我会感到安慰。

摆脱不像母亲那样生活的目标

伤口就这样慢慢愈合，特别的故事被人们当作普通的人生故事来接受。听完某个人讲述的痛苦经历后，人们会安慰说，这不是你的错。痛苦的故事不断流传，从人们的耳朵和

第 3 章 独立：找寻超越母亲的自己

心脏进入心灵深处，通过共鸣和安慰成为我们的故事。就这样，我们消化着伤痛，不放弃爱人，变成了美好的成年人。

就像淑妍这样，我也不想过与母亲一样的生活，所以常常咬紧牙关。因为不想输给那句"母亲就是女儿的宿命"，我连玩都不敢，守护着自己的时光。可是都到了这个年纪，我想我应该放下了。重要的不是我不要像母亲那般生活，而是我应该幸福地生活。我的目标应该是"像我自己"那样活着。

"自我怜悯"是一种相当重要的情绪。大多数情况下自我怜悯是负面的，但对于追求完美的人来说却是相当重要的部分。不愿像母亲那样活着的女儿们就像逆流而上的鲑鱼那样，竭尽全力向反方向游去。她们在既定的某种标准下追求完美，虽然不确定桨划向的是不是自己真正想要去的地方，但首要目标是远离母亲。若想做到完美，筋疲力尽的瞬间就会袭来，这个瞬间通常会在虚脱的边缘出现，所以我们需要自我怜悯。

"我不想孩子们体会曾经我母亲给我带来的伤害，所以就这么努力地游着，啊……我好可怜。小时候一定受了很多苦吧，很累吧？但是尽力了。可是现在好像不需要再这样

母女的世界：爱与憎的矛盾体

了，要不要抬头看看到了哪里？这里是我想要到的地方吗？找找方向吧，让指南针对准真正能让我幸福的地方。"

说不定你有和母亲不一样的地方，根本就不会变成她，比如下面提到的：

- 每件事都要掌控，让人窒息的母亲
- 一辈子都在可怜地讨好父亲的母亲
- 一个总是不自信的母亲
- 太优秀太忙而没时间陪伴的母亲
- 只爱儿子的母亲
- 男女关系复杂的母亲
- 爱比较，总会差别对待的母亲
- 对任何事情都无能为力又消极的母亲
- 太爱玩了总是把我抛在脑后的母亲
- 沉迷喝酒的母亲
- 得不到父亲的爱的母亲

如果你的母亲是这种类型，不知道你是否会一直挣扎着，努力向她的反方向游去。当然，这份诚实会保护你，因

第 3 章 独立：找寻超越母亲的自己

为你有着与母亲不同的力量，所以你也会拥有完全不同的人生。但是，如果目标是盲目的，你就不会知道究竟要去向何方。如果你只有一颗强烈的不想重蹈母亲覆辙的心，不妨思考一下，这样的心情真的能指引我找到幸福吗？因为像自己一样幸福地活着更重要。

有一天，淑妍鼓起勇气问孩子："小时候奶奶曾经抛下过我，所以我会担心如果我去了哪里，你们会觉得被我抛下了。我出去的时候，你们有什么感觉吗？"孩子们眼睛瞪得圆圆的，觉得很荒谬，反问道："妈妈你怎么会有这么奇怪的想法。"孩子们觉得只是睡一觉，母亲就回来了，仅此而已。然后他们要求淑妍点个炸鸡吃。淑妍说，听完孩子们的话，她感觉被治愈了。要是早点问就好了，也不至于这么辛苦。

母女间不经意间发生的煤气灯效应[1]

如果在孩子的日记本或是社交软件SNS上看到"我被妈妈PUA了"这样的话,你会是怎样的心情?这什么意思!太荒唐了。不,我怎么养了这样一个孩子!呼之欲出的愤怒。不,这不是我女儿日记本上的话。这一定是梦,她是哪里不舒服吗?

"被母亲PUA"是很多人难以接受的说法,但遗憾的是,它完全有可能出现在母女之间。即使是彼此深爱的母亲和女儿,情感操控在不知不觉中时常出现。

"因为我爱你,所以……"

---

[1] 即一种心理操控手段,受害者深受施害者操控,以至于怀疑自己的记忆、感知或理智。——译者注

第3章 独立：找寻超越母亲的自己

煤气灯效应在恋爱暴力中经常出现，非常巧妙地操控对方，将对方掌握在自己的手中，消减对方的自尊心，这是一种情绪上的虐待。煤气灯效应在NAVER语言词典里的意思是：

巧妙地操控他人的心理或状态，使他人产生自我怀疑，从而加强对他人行为的支配，出自话剧《煤气灯Gas Light》（1983）。

现如今的社会，恋爱暴力不仅仅是男女之间的事情，它属于社会性的暴力问题。同时，人们对于情感操控危险性的认知和警惕也在慢慢提高，这是非常值得期待的现象。因为没有理由，人类需要因为爱而遭受暴力和操控。今天以爱之名犯下的无数暴力，明天只能在人们敏感的反应和犀利的目光下失去站立的资格。

随着人们越来越关注情感操控这个话题，情感操控者诊断法应运出现。情感操控是怎样的呢？下文罗列了诊断单上的提问。

211

情感操控者自我诊断单

1. 我是被PUA了吗？

● 不知道为什么总是按照对方的方式去做。

● 经常听到他说这样的话，"你太敏感了""这就是无视你的原因""被骂了也得忍着""我没说过那样的话，都是你自己臆想的"等等。

● 会替对方的行为向身边人辩解。

● 在见那个人之前先检讨一下自己。

● 怕被威胁所以说谎。

● 认识他之后，没了自信心，也失去了生活的意义。

2. 我无心说的话可能会成为情感操控

● "全是你的错。"

● "要不是我，你一个人能行吗？"

● "所以你才会被人无视！你不知道为什么会被无视吗？"

● "你说你爱我，就这（都不能忍）？"

● "这搭配，我都说了我不喜欢，你别穿了。"

第3章 独立：找寻超越母亲的自己

● "我是因为爱你（珍惜）才这样说的。"

出处：韩国暴力数据研究所

这些是情感操控者与被操控者经常交流的话，如果你总是和别人这样说，你也许就是其中一个。仔细阅读后会发现，"2.我无心说的话可能会成为情感操控"这一部分不仅仅会在情侣关系中出现，也会出现在母女关系中。

围绕真实的犯罪事件剖析犯罪心理的综艺节目《懂有犯词》（《懂了就有用的犯罪杂学词典》的缩略语）有一期提到了情感操控。节目中，育儿之神、儿童青少年精神学专家吴恩英（音译）博士指出，虽然不是故意的，但很多父母会在自己都不知道的情况下说出操控的话。真的很爱孩子但无意间犯下了错误，听到这样的故事，我也开始回想和反省。吴恩英博士指出问题的核心在于必须要搞清楚事件的主体是父母还是孩子，某件事应该做的原因是什么，又应该由谁来做。换句话说，就是必须明确事件主体的重要性。

比方说孩子吃蔬菜这件事，我家每顿饭都在为蔬菜打仗，为了让孩子吃蔬菜，胡萝卜要尽可能切得最小，炒洋葱要放4种酱油，哪怕只是因为酱油的味道，也要让他吃上一

母女的世界：爱与憎的矛盾体

口。但是一切都是徒劳，蛋羹都不敢放切碎的葱，我苦恼了很久，为什么孩子会这般讨厌吃蔬菜呢？就像白头发不可避免地越来越多，孩子的偏食也让我感到伤心。看着电视里的孩子把灯笼椒当作鲜脆可口的苹果大口大口地咬，我实在是太羡慕了。

当我的意愿与孩子只爱吃肉和米饭的口味发生冲突时，我经常会这样说。

你知道妈妈把这些蔬菜切碎有多么不容易吗？累得都得贴膏药了。不喂你吃蔬菜，妈妈也轻松。这是我辛苦做的，稍微吃点。你怎么能只吃你喜欢的东西呢？（X）

这是典型的把事件主体从孩子转换成我的错误说法，话中包含了我切蔬菜的辛苦和照顾孩子的遗憾。如果想将此转换成以孩子为主体的正确说法，参考如下。

嗯……今天也不吃蔬菜呀。要让小朋友喜欢吃蔬菜，好像不太容易。但蔬菜对你的身体健康和成长很重要，虽然不想吃，为了自己试一试吧！（O）

第3章 独立：找寻超越母亲的自己

不是为了辛苦做蔬菜的优秀母亲，而是为了孩子自己的健康帮助他提起筷子，这是更正确的说法。如果无视前者和后者说话方式的差异，只以自己的情绪和目标为中心与孩子对话，不知不觉中孩子会出现一边被爱一边被操控着的感受。

虽然爱着孩子，但母亲本身就是不完美的存在。由于养育子女方面的知识不够全面，可能会在无意中对孩子做出情感操控的事情。持续暴露在情感操控下的孩子，自尊心较弱，会长成高度焦虑、难以拥有独立情绪的成年人。最让人难过的一点是别说谈恋爱，这样的人连健康独立地生活都很难。如果爱她们，请不要随便说出这样的话。

看！我就知道你要这样匆匆忙忙。都叫你不要熬夜了。(X)

睡过头了？晚上的时间太宝贵了，舍不得早睡吗？像你这么大的时候，我也这样，但总是睡太晚的话，身体会累的。为了自己健康的生活，请好好调整一下睡眠时间。(O)

你也太挑剔了吧，要是别的妈妈早受不了！（X）

你是有点挑剔，但这是个性，没什么不对的。挑剔的人

215

也有很多优点啊，但是和别人步调一致也不错，当然这可不容易，妈妈也很难适应别人。（O）

因为你这样，所以弟弟才会无视你，这种行为谁会喜欢啊！（X）

你这样做一定有你的理由。但如果因为自己过分的行为让别人不舒服，那么最后你的人际关系也会变糟糕。看弟弟妹妹你就知道这样有多累了，人际关系是靠自己维系的。（O）

你知道吗？因为你，妈妈有多辛苦！（X）

虽然妈妈很累，但这不是你的问题。大人就该为自己负责，这是我的人生。（O）

妈妈是不是跟你说过不要穿这件衣服！（X）

原来你喜欢这件衣服。是啊，想穿什么就穿什么呗，但妈妈走得离你稍微后面一些哦。（O）

伤心也没办法，都是为了你好！（X）

第3章 独立：找寻超越母亲的自己

我知道我的话让你听着很不舒服，虽然有点难，要是希望你能认真聆听并作出判断，那就太好了。（○）

你懂什么，就照我说的做！（×）
你认为是那样的吗？但我觉得是这样的，不过你来决定吧！（○）

你老这样。（×）
你总会在同一个错误里栽跟头。为了你自己，改正坏习惯比较好。（○）

作为母亲，你自然是爱着你的女儿的，希望女儿能获得成功。大部分情况下，你是怎样表达，或者说用什么来表达心情的呢？如果女儿事事畏缩，当她们听到第一种方式的表达时会怎么样呢？也许她们会越来越胆怯，情绪也会越来越低落，在外面无法做出果断的行动。或许以后受到男朋友不公正的对待，也会错误地认为"全是我的错"。

因为女儿是亲密的存在，母亲就会对女儿犯下更多的错误。很多女儿从小就时常听母亲说类似情感操控的话，受负

母女的世界：爱与憎的矛盾体

面情绪的影响变得反应迟钝。做了母亲后的你也会因为爱而这样做，可这伤害了孩子的主体性和独立性。母亲应该向女儿传达正确的观念和信息。一切都不是为了母亲，而是为了你自己，应该向孩子表达"你的人生你做主，责任也是你的"的观点，这样即使你离开了这个世界，女儿也能拥有保护自己、战胜一切的力量。

我的孩子真的很讨厌剪指甲这件事。有一天，我正在给他剪指甲，他突然冒出一句："每天都给我剪，剪了长，长了剪。"

"我意识交流课的老师金智允说，因为怕出现'原来有连孩子指甲都不剪，也不照顾的父母'这样的新闻，所以我妈妈才会给我剪指甲。"（哎哟，实在是太感谢了，今天也帮了我一个大忙啊。）

虽然孩子的童言让我笑了起来，但我再一次申明："指甲是为你自己剪的，蔬菜也是为你自己吃的。"如果没有这样的过程，假如我对孩子这么说，他会怎么想？

"哇哦，你这么爱我呀！我的宝贝，指甲都因为爱我才给我剪，孝子啊！"

要小心情绪操控，犯错比想象中更容易。

母亲的遗产

现在很流行"girl crush""御姐"这种词,打破社会强加的端庄女性框架,自主地探讨人生,有时还会提出犀利建议的"御姐",人气越来越高,她们经历着人生的坎坷,从披荆斩棘的过程中获得慧眼。你有没有发现身边就有这样一位的"御姐"呢?她就是我们的母亲。作为智慧的结晶,母亲就是能在恍惚间将胡萝卜拗成两半的霸气姐姐。

就算是错综复杂的男女之事,她们也能给出痛快的答案。如果与她们一起看狗血剧,不需要解说员。

"分手,分手!就这样结束吧,都到这份上了,有小孩也分手,就算回来也不行。"

"就这个问题,你等着瞧。就是因为她才会出事的。"

父亲看电视的时候，每天都会问："他怎么会这样？"从第一集开始就无休止地提问。母亲与他不同，不管是狗血剧还是别的电视剧，哪怕从第五集开始看，她也能洞悉全局。

关于味道，母亲又是怎么样的呢？母亲的饭桌可是米其林餐厅。她手里可是有着百万种方法让煎饼更加酥脆可口。每个母亲都有一个煎饼酱菜实验室。

日常生活中或是错综复杂的人际关系，她们大大小小的判断力和智慧无不散发着耀眼的光芒，常常让我感到惊讶。可能没有解释得很到位，但在某种情况下她们一定会出现的直觉也让我惊叹。

好的决定非常重要。在得到企业高管认可的人中，有一些人就拥有所谓好的"直觉"。好的直觉指的是良好的感知性，换句话说，就是擅长"心理模拟"。感觉良好的话，他们会全力以赴，感觉有些不对的话，他们会暂停下来观察。乍一看，似乎这并不科学，也不理性。但实际上，我们感知到的大多是根据长期积累的经验数据得出的结论。"凉飕飕"的感觉是因为经历过类似的事情，基于经验性的判断而

第3章 独立：找寻超越母亲的自己

触发的结果。即使在你收到信息的瞬间，大脑也会立刻出现感知、解释、判断、决定等行为的相互作用。

金京日，《适度的生活》，第25-26页，JINSUNBOOKS

因此，在关键时刻，妈妈们的一句话会成为有理有据、充满力量的关键。

"再带件长袖吧，我觉得这样比较好。"

"今天还是不要去那边吧。"

"你看看那个人的表情，今天这里肯定发生什么事情了，赶紧走。"

"这个人有点奇怪，虽然很有礼貌，但总觉得哪里不对劲。"

母亲这样的直觉和第六感就是"心理模拟"，保证自己在倾听时不会被冻死，或不被卷入无端的纷争。很明显，直觉灵敏的她们给我们留下了智慧的遗产。事实上，很多女儿没少被母亲折磨过。但是不得不承认，也有很多因为母亲才能体会到的无数智慧的瞬间。虽然她们控制着我们，使我们过得辛苦，但也同样与我们分享了那些充满智慧的瞬间。

明熙小的时候动过大手术，肚子上有道很长的疤，越长大越明显，亲戚们对她说。

"明熙，你不能穿比基尼了，要不去做个祛疤手术？"

每当听到这样的话，明熙就会想："啊……真的不能穿比基尼了。反正我胖，也不能穿……要是没有疤就好了……"某天，明熙问母亲。

"妈妈，比基尼是不是不适合我呀。疤是不是太明显了？要不去试试激光？"

听了这话，明熙的母亲说。

"这是什么意思？为什么肚子上有疤就不可以穿比基尼了？你是因为胖！而且我从不觉得你肚子上的是疤，哎哟！这可是救下我女儿的痕迹，是值得感恩的痕迹，你要这样想。"

听完的瞬间，明熙才意识到，原来伤疤还可以被这样定义。从此，她再也不认为肚子上是伤疤，"啊，这是我活着的痕迹。"能把伤疤看成生存和治愈的痕迹，这样的母亲真让人感动不已。

秀英小时候因为家境贫寒，过着非常艰难的生活。秀英的母亲说，因为生活困难所以我没有办法给你们足够的衣服、鞋子、零用钱，但我会给你们其他的东西。有一天，母

第 3 章　独立：找寻超越母亲的自己

亲给她穿上了最干净漂亮的衣服，带她去一个地方。秀英问："我们这是要去哪儿呀？"到了目的地定睛一看，秀英发现原来是凯悦酒店的咖啡厅，这里有钢琴演奏和现场驻唱。母亲对她说，即使没有钱，我们也可以懂得和享受这样的文化生活。只要是有意思的录像带，母亲就会买来，看的时候她会关灯营造出氛围感。虽然当时家里很穷，可我躺着欣赏的却是鲁契亚诺·帕瓦罗蒂、何塞·卡雷拉斯等著名歌唱家的演出。后来，秀英长大了，即使生活拮据，依然会努力攒钱去看音乐剧和电影。还有一次在草莓快要下市的时候，秀英的母亲在水果店买了几箱不太好的草莓，然后把它们全都做成了草莓酱，量多到吃了整整一年。以至于到了草莓的季节，秀英居然有"我真是吃够了"的错觉。虽然没有钱，孩子也多，不可能尽情地给孩子买昂贵的水果。这就是母亲的智慧。当秀英和弟弟回想起母亲的点点滴滴时，不禁感叹，"我的母亲真是充满智慧"。

我的一个朋友对我说，她的母亲比任何人都有智慧。因为父亲太忙了，几乎没有时间陪孩子，所以母亲会提前买好孩子们想要的东西，这样父亲在家的时候就能给孩子们送上惊喜。无论大小，每当孩子们从父亲那儿接过饱含渴望、心

223

母女的世界：爱与憎的矛盾体

愿和情绪的礼物，就会说："爸爸是在乎我们的，他很珍惜我们呢！"因此，孩子们没能经常和忙碌的父亲在一起，可是他们真的很喜欢父亲，也享受和父亲一起的时光。

母亲就是这样智慧的存在，她们经历了无数的人生过程，给自己和女儿们留下智慧的遗产。

这本书讲述的是母亲和女儿的心理，引用了很多关于母亲的负面行为和扭曲心理的故事，尽管我们的身边确实存在着乱成一团的毛线，这也并不意味母亲们给予女儿的正面效应和爱就会消失。

偶尔会看到夫妻双方中的一方单独去做夫妻关系方面的心理诊疗，结果矛盾反而进一步加剧的情况。因为，两人中只有一方认识到了问题，不断提高解决问题的期望，结果理想和现实的碰撞，把期待变成挫折，变成对另一方的责难。笔者认为，也许看这本书的你有着同样的困扰。

有一说一，母女关系中有扭曲的心理，也有母亲犯过的错误。但同时，母亲给予的爱与奉献也是赫然存在的。希望各位能将这一切很好地结合起来。这就是为什么，我把母亲的智慧作为这本书的结尾。虽然和母亲有过激烈的争吵和矛盾，但是我们也热烈地爱着对方，这是事实。仍有很多来自

第 3 章 独立：找寻超越母亲的自己

母亲的正面影响没有在书中体现，希望母亲拼尽全力爱你的宝贵瞬间没有被负面效应所掩盖，该去解决的问题就去解决，学会平衡，学会保留爱的部分。智库一样的母亲，面对连谷歌都无法解答的，世界上最困难、最复杂、最模糊的问题，她也能给出答案，这显然就是给你的馈赠吧。

后记　希望妈妈和女儿能笑着、满怀希望地注视着彼此

　　写这本书就像翻开抽屉深处满是灰尘的一摞故事书。就我个人而言，与母亲相关的故事像是我的致命弱点，或者可以说是潘多拉盒子。母亲去世后的几年里，我患上了轻微的创伤后应激障碍。通常在凌晨3点，我会从梦中醒来，之后睡着又醒。梦的内容都是一样的，梦里的母亲总是生病，我总是站在外面，因不能进去看她急得直跺脚。每当我从梦中醒来，内疚和悲伤就会涌上心头。这个梦持续了好多年，直到我有了自己的孩子。

后记　希望妈妈和女儿能笑着满怀希望地注视着彼此

开始写这本书的时候，我再一次梦见了母亲。我打开门，发现母亲就站在玄关。那一瞬间实在是太可怕了，啊……是不是因为我把母亲随意地写进书里，她生气了才来找我。我很着急，母亲却快步走进里屋，对我说："你站在那儿别动，我们谈谈。"我在客厅紧张地等待着，突然就醒了。写这本书的时候，我感觉有点对不起母亲，是因为我有这种负罪感，所以才会做这样的梦吗？然后我发现这次做的梦和原先的梦不一样，这次梦见的母亲没有生病，不再是无力地等着我。这次她来找我了，她留着短短的头发，穿着牛仔裤和黑色皮夹克，看起来很精神。

在创作的同时我成长了，很大程度上我把母亲融入了自己的内心，所以我心中的她也成长了。我看到了之前未曾看到过的母亲的孤独和烦恼，也看到了那根扎进母亲心中的刺。我感受到的"置之不理"，也许是因为母亲觉得对不起我，所以她才没有靠近我，而是远远地望着，保持爱的距离。直到46岁，我才明白这叫无可奈何的人生。

在这本书出版之前，我想向很多人表示感谢。非常感谢刘华庆主编给了我写母女关系心理学的建议，并提出了这个让我惊讶的方案。托您的福，我鼓起勇气说出了我的故事。还要感谢信任我并出版我的作品的银杏树出版社，感谢渊博的权教授在我创作

母女的世界：爱与憎的矛盾体

原稿期间给予的实时反馈，感谢给我提供案例的众多女性朋友，也感谢始终支持我的家人。如果本书成了畅销书，我一定给大家准备一份厚礼，希望这一天真的会到来。

最后我想对母亲说一些话。

母亲，您还好吗？现在不疼了吧？对不起，没经过您的允许，我把我们的故事写了出来。但我相信这会给许多受伤的母女带去安慰，帮助她们痊愈。有时您会说："我好像白来了这一遭。"但是，从这本书能出版来看，我觉得您的人生并没有白过。感谢您在那个时候勇敢地生下了我，感谢您没有离开我。虽然您穿着束腰连衣裙坐在泳池边，但我再也不会误会您的爱了。谢谢您的爱，我爱过并依然爱着的母亲……就到这里了。